高水平大学建设（"双一流"建设）专项经费资助
2017 年度河北省社会科学发展研究课题资助（201704020101）
教育部"一省一校"专项经费资助
河北大学白洋淀流域与京津冀可持续发展协同创新中心资助
2016 年度保定市社会科学青年基金项目资助（2016Q033）

湿地生态系统服务社会福祉效应研究

魏　强　著

科　学　出　版　社

北　京

内 容 简 介

湿地生态系统作为全球最具生产力的自然生态系统,在促进社会经济发展和人类福祉改善方面发挥着不可替代的作用。本书将湿地生态系统服务作为研究对象,阐述湿地生态系统演变规律和驱动机理,探讨湿地生态系统服务在提高社会福祉方面发挥的积极效应,并从价值评估的角度对湿地生态系统服务的社会福祉效应进行量化,揭示湿地生态系统服务价值在不同时间和空间尺度下的动态变化过程,提出促进湿地生态系统服务可持续利用的对策建议。

本书可作为经济学、地理学、环境学、社会学等生态系统服务相关研究领域科研人员的教辅用书,也可作为各级发展和改革委员会、环保部门、规划部门工作人员的参考用书。

图书在版编目(CIP)数据

湿地生态系统服务社会福祉效应研究/魏强著. —北京:科学出版社,2017.10

ISBN 978-7-03-054397-4

Ⅰ.①湿⋯ Ⅱ.①魏⋯ Ⅲ.①湿地资源–生态系统–社会效应–生态效应–研究–中国 Ⅳ.①P942.078

中国版本图书馆 CIP 数据核字(2017)第 218385 号

责任编辑:马 跃 方小丽/责任校对:贾娜娜
责任印制:吴兆东/封面设计:无极书装

科学出版社 出版
北京东黄城根北街 16 号
邮政编码:100717
http://www.sciencep.com

北京京华虎彩印刷有限公司印刷
科学出版社发行 各地新华书店经销

*

2017年10月第 一 版 开本:720×1000 1/16
2017年10月第一次印刷 印张:11
字数:206 000

定价:72.00 元
(如有印装质量问题,我社负责调换)

作者简介

魏强，1984 年生，理学博士，2015 年毕业于中国科学院东北地理与农业生态研究所人文地理学专业，现为河北大学经济学院教师，研究方向为生态经济、环境与发展。近年来主要从事生态系统服务领域的相关研究，在 *Wetland Ecology and Management*、《生态学报》、《人文地理》等期刊上发表多篇学术论文。

序

　　生态系统服务是人类生存和发展的基础，是生态经济学领域研究的前沿与热点，其研究目的在于通过整合多源信息，为公众和决策者提供自然生态系统优化管理的相关信息，以保证自然生态系统向人类提供各项产品和服务的可持续性，从而不断促进社会福祉整体水平的提高。

　　湿地生态系统是最具生产力的自然生态系统之一，为人类提供包括食物、水资源、洪水控制、生物多样性保护、休闲娱乐等多种重要的生态系统服务。然而，由于大多数湿地生态系统服务缺少明确的市场信号，当这些服务在与既得利益权衡时，往往在决策中处于不利位置，从而导致湿地生态系统成为开发的首选对象，进而导致社会可持续发展面临重重困境。

　　湿地生态系统管理相关决策的制定需要将湿地生态系统服务的社会福祉效应及相关价值信息融入决策过程。《湿地生态系统服务社会福祉效应研究》一书正是出于这一方面的考量，关注湿地生态系统的演变过程以及由此引发的湿地生态系统服务变化，探讨不同湿地生态系统服务发挥社会福祉效应的时间和空间尺度，分析在特定的时空域下湿地生态系统服务价值产生的跨时期变化和区域差异，研究成果可为决策者提供必要的科学信息，同时对于提高全社会对湿地生态系统服务重要性的认识具有积极的现实意义。

佟连军

2017 年 7 月 1 日

前　言

生态系统服务社会福祉效应研究是在自然生态系统提供生态系统服务的能力日益衰退和人类对生态系统服务的需求不断扩大这一矛盾的激化过程中逐渐发展起来的，该领域研究旨在通过提供准确、可靠的科学信息来促进合理、有效的环境决策的制定与实施，从而不断完善对自然生态系统的管理，强化对自然生态系统的保护和可持续利用，以及提高生态系统服务作用于社会福祉的改善。

湿地生态系统提供着诸多对于维持和改善地区社会福祉状况具有重要意义的生态系统服务，然而由于以往公众和决策者广泛缺乏对湿地生态系统服务重要性的正确认识，在全球湿地生态系统的演变过程中，剧烈的人类活动导致了湿地生态系统的严重破坏，各项湿地生态系统服务的供给也呈现出了显著的不可持续性。本书在对福祉经济学、效用价值论、生态经济学、福祉地理学等相关理论进行系统梳理的基础上，全面分析不同类别湿地生态系统服务对社会福祉的影响，并通过湿地生态系统服务价值评估来量化各项服务的社会福祉效应，以期促进湿地生态系统的保护和可持续利用。

本书主要研究内容如下。

（1）从基本概念辨析入手，阐述生态系统服务社会福祉效应研究涉及的主要基础理论，界定各基础理论涉及的相关概念和领域范畴，并论述各理论给本书研究带来的启示。

（2）对影响湿地生态系统演变的驱动力进行分析，将三江平原湿地生态系统演变过程及驱动力分析作为实证案例，分析各驱动力因素的主要影响方式和影响途径，构建驱动力与湿地之间的拓扑关系。

（3）从供给服务、调节服务、文化服务和支持服务四个方面阐述湿地生态系统服务变化对社会福祉的影响，探讨各类服务对于社会福祉改善所发挥的关键支撑作用，强化公众和决策者对湿地生态系统服务变化过程与获取路径的认识。

（4）综合应用经济学、地理学、环境科学等多学科理论方法，进行不同时空尺度下的湿地生态系统服务价值评估，探讨关键参数变化对价值变化的影响，为相关决策的制定提供科学依据。

（5）以各部分主要研究结果为依据，分别从建立以市场为导向的湿地生态系统管理机制、完善湿地生态系统保护公众参与制度和提高对湿地生态系统的可持续管理三个主要方面提出我国湿地资源保护与恢复的对策及建议。

本书主要研究结论如下。

（1）福祉经济学理论是本书研究的核心基础理论，其福祉可量化的观点构成本书的研究主线；效用价值论为湿地生态系统服务与社会福祉关系的量化提供方法论依据，也为价值评估方法的选择提供直接的理论指导；生态经济学理论为本书提供明确的研究视角，也奠定本书的研究基调；福祉地理学理论为不同尺度下的湿地生态系统服务价值评估提供理论参考，并指导本书侧重于对社会福祉的定量评价和时间、空间特征的描述；可持续发展理论指导本书研究最终的决策方向。

（2）湿地生态系统的演变过程受自然驱动力和人为驱动力的综合影响。三江平原地区 1986～2010 年的湿地退化过程主要受气温、降水量、人口总量、城市化率、农村居民人均纯收入、耕地面积及居民地面积的变化影响，而 GDP、第二产业比例、第三产业比例和单位面积粮食产量的变化有利于湿地生态系统保护及恢复。对湿地生态系统退化的各驱动力因素进行适当管理，将有效促进湿地生态系统的恢复。

（3）不同类别的湿地生态系统服务在不同的时空尺度下发挥社会福祉效应。调节服务价值评估方面，挠力河流域湿地生态系统均化洪水价值评估结果表明，挠力河流域湿地生态系统均化洪水价值为 1389.8～4644.7 元/hm^2，总价值为 2.42 亿～8.08 亿元；文化服务价值评估方面，兴凯湖湿地生态旅游价值评估结果表明，由高强度的湿地恢复、高强度的植被恢复、低强度的生物多样性保护和高强度的旅游基础设施构成的兴凯湖湿地旅游管理方案的人均支付意愿为 148.9 元，该价值的衰减过程主要发生在兴凯湖周边 250km 内；支持服务价值评估方面，三江平原湿地生态系统生物多样性保护价值评估结果表明，未来 100 年该服务价值在边际价格变化与贴现率的综合影响下呈现先增长再降低的变化趋势，并随着三江平原湿地资源的稀缺性的逐渐增大，其社会福祉效应会越发突显；总价值评估方面，在近 40 年的演变过程中，白洋淀湿地生态系统服务总价值呈现了大幅度下降。白洋淀湿地面积的不断萎缩导致其提供各项湿地生态系统服务的功能不断下降。

（4）针对上述各部分研究结论，为今后我国湿地生态系统服务的可持续利用的不断提高和社会福祉状况的不断改善，相关决策者应当从建立以市场为导向的湿地生态系统管理机制、完善湿地生态系统保护公众参与制度及提高对湿地生态系统的可持续管理三方面来进行决策考量。

魏　强

2017 年 5 月 6 日

目　录

第一章 绪 论

第一节 研究背景及意义

一、研究背景

（一）生态系统退化是影响社会福祉提高的核心问题之一

生态系统是生命系统与环境系统的统一，是地球生物圈物质循环、能量转化和信息传递的结构单元。生态系统不仅维持着地球生命与自然环境之间的动态平衡，而且为社会经济繁荣和可持续发展提供基本动力（WRI，2003）。在世界经济飞速发展的今天，随着社会生产对自然资源的需求总量和消费规模的不断扩大，越发强烈的累积压力给自然生态系统的健康状况带来了严重影响。相关统计数据表明，人类对自然资源的需求量自 1966 年以来已经翻了一番。在过去的 20 年间，全球自然资源开采总量上升了约 41%，目前人们正在使用相当于 1.5 个地球的资源来维持生活。如果按当前的模式预测，到 2030 年，人类将需要 2 个地球的资源来满足每年的发展需求（WWF，2012）。

生态系统与社会福祉之间存在着复杂而紧密的联系，生态系统提供的各项服务能够满足人类和社会发展所必需的各种物质与非物质需求。然而，在开发利用自然资源的过程中，人类却往往因只顾眼前利益、缺乏全局和长远视角而对自然资源进行过度的索取与消耗，由此造成的生态破坏和环境污染不但超出自然生态系统自我调节机制的承受阈值，而且导致许多国家和地区面临着贫困加剧与发展受阻的问题（MA，2005）。人类对自然资源的利用方式及利用程度不但直接作用于生态系统本身，而且生态系统由此得到的反馈会反作用于社会福祉状况的改变。遗憾的是，长期以来，这种存在于生态系统与社会福祉之间此消彼长的相互作用机制并未得到人类的充分重视，两者之间矛盾的日益激化也正在导致生态系统为人类社会提供可持续发展的多样化机遇面临着重重困境（UN，2011）。

公平、可持续的社会福祉条件很大程度上取决于与生态系统服务之间的各种联系。MA（2008）研究指出，受长期的、强烈的人类活动影响，全球大约 60% 的生态系统服务已经降级或正在进行不可持续的利用，而这些服务的变化最终将会通过多种方式作用于社会福祉状况的改变。目前，生态系统破坏已经作为影响社会稳定、加剧贫富差距、限制经济发展和威胁粮食安全等诸多社会福祉问题产生的最根本原因，而掠夺式的自然资源利用方式也正在使这一系列问题在一些国家和地区，特别是在发展中国家的农村地区和不发达国家中变得越发严重（WRI，2008）。人类活动给生态系统带来的压力具有累积效应，如何扭转自然生态系统不断退化的趋势以及如何可持续地利用各项生态系统服务来作用于社会福祉状况的改善已经成为全世界共同面临的严峻课题。

（二）生态系统服务评估是相关环境决策制定的重要科学依据

自然生态系统的保护及恢复以及生态系统服务的可持续利用需要通过相关环境决策的制定加以保证。生态系统服务评估是决策者获取相关信息的重要途径，它不但有助于提高公众及决策者对于自然生态系统的运行、生态系统服务的产生、生态系统服务促进社会福祉提高、生态系统服务价值的评估等许多复杂问题的认识，而且方便决策者权衡不同机制响应下的各方面的利弊关系，以确保将必要的信息纳入环境决策的制定考量中，从而通过环境决策的制定和实施来保障生态系统向不断多样化的社会持续提供各种产品和服务（Jensen and Everett，1994；Van and Verbeek，2004；Daily and Matson，2008；Pereira et al.，2010）。

环境决策的制定与实施旨在保证生态系统服务维持在可持续利用层面的同时将社会福祉水平最大化，既强调生态系统的完整性，也强调生态系统服务生产的可持续性（Christensen et al.，1996）。缺少长远视角的决策措施将无法适用于未来的时代背景，局部的生态系统管理方式也将与较大尺度下的管理方式相矛盾，因此相对完善的环境管理政策就需要对生态系统服务进行全面准确的评估，以便于决策者及时把握动态信息，不断促进相关决策的制定和改革（Perrings et al.，2011）。

生态系统服务评估是相关环境决策制定过程中的基础性研究工作。以往的生态系统服务评估工作无论在时间上还是在空间上均存在着研究尺度不准确的问题，这就导致了评估过程中难以权衡不同部门、不同时空尺度、不同社会经济发展背景下的各相关方利弊关系，从而造成生态系统管理总是存在着多头管理、互相牵制、各自为营的管理局面。生态系统服务评估应当集成生态系统、经济系统、社会系统的多方面考量，决策者也需要对相关的有限信息进行提取，这样才能实现社会经济系统与生态系统之间的密切匹配，从而避免以牺牲环境为代价而一味地追求经济利益的管理现象的发生（Fisher and Turner，2008）。

（三）生态系统保护是提高地区发展潜力和竞争优势的主要路径

当前，我国许多城市和地区面临着产业结构调整、城市转型发展的巨大压力。特别对于一些资源型城市，作为国家基础能源和重要原材料的供应地，经过长期的资源过度开采，这些城市均出现了不同程度的经济结构失衡、产业结构单一、替代产业少、失业人口陡增、生态环境破坏等问题（张秀生和陈先勇，2001；董锁成等，2007；徐君等，2015）。"煤竭城衰""矿竭城衰""油竭城衰"的压力导致可持续发展面临严峻挑战。在经济发展"新常态"背景下，资源型城市的转型是应对"增长速度换挡期，结构调整阵痛期，前期刺激政策消化期"三期叠加的重要举措（周生贤，2015）。

在资源型城市转型发展过程中，由于经常受限于产业结构、资金、科技和信息资源等，转型升级过程往往十分艰辛和缓慢。绿色发展是资源型城市产业转型升级的唯一途径。生态系统服务作为经济活动和商品价值形成的要素，可以在适度开发过程中将生态资源转化为生态产品，借力资源环境供给侧改革，提高生态资源的价值输出能力，为城市转型发展提供内生动力，从而加速经济转型升级，更好地促进百姓全面受益，更好地体现改革含金量，保持国民经济持续健康协调发展（周菲菲，2016）。

依托于自然资源的生态旅游业发展是近年来许多城市和地区转型发展的重要接续产业与突破口，将城市的历史文化元素融入生态旅游业发展中，尊重自然与文化的异质性，强调保护生态环境与谋富当地社区居民，倡导人们认识自然、享受自然、保护自然，从自然生态系统保护中寻求弹性较大、适应能力较强的生态经济发展模式不但能够加强地区经济发展与生态环境之间的协调性，而且能够显著提高地区发展潜力和竞争优势（宋瑞，2005；刘雪梅和保继刚，2005）。

二、研究意义

（一）理论意义

生态系统服务与社会福祉之间存在着复杂而紧密的联系，两者所涉及的生态系统、经济系统和社会系统之间的相互作用会引发各种社会、经济及生态环境现象，为此相关信息的管理、分析及解释就成为了这一领域相关研究的关键。

不同地区生态系统的演变过程具有其自身的特殊性，综合、全面、准确地评估生态系统服务与社会福祉之间的关系具有十分重要的理论研究价值，此领域的研究工作不但可以通过强化相关领域知识和环境决策之间的联系来整合现有评估成果，以确保在今后的评估工作中认清生态系统服务与社会福祉关系的核心问题，而且有助于正确处理好各组分之间的关系，避免政府失效、决策失败等问题的产生。

生态系统服务与社会福祉关系评估要着眼于社会系统、生态系统与经济系统之间错综复杂的关系，在保证自然生态系统长期生产力的条件下，为今后采取必要的决策措施以提高生态系统服务的可持续供给，为依托于生态系统服务的社会福祉状况的改善奠定科学基础。跨领域、跨学科是这项研究工作固有的属性，它涉及生态学、经济学、环境学、地理学、社会学等多学科领域的理论内容和方法。本书尝试通过将地理学、生态学、经济学等多学科理论方法应用于生态系统服务与社会福祉关系的评估中，提出相应的理论研究框架，以期在丰富自然资源可持续利用与区域经济协调发展研究内容的同时，为实现自然生态系统保护与生态系统服务的可持续利用提供宝贵的科学借鉴。

（二）实践意义

生态系统服务对社会福祉的贡献体现在社会、经济、文化、环境等诸多方面，但由于多数生态系统服务并没有在市场环境中进行交易，所以生态系统服务对于社会经济发展的贡献以及其蕴涵的巨大经济价值并没有在传统的国民经济核算中得到充分体现。生态系统服务价值评估作为一种决策工具，其目的在于通过最简单直接的表现形式来量化生态系统服务对社会福祉的全部贡献，意义则体现在不但可以有效地反映出生态系统退化可能带来的经济损失以及生态系统保护与治理的社会成本，而且有助于公众和决策者了解不同生态系统管理方式的激励机制与可能的实施效果，从而为相关环境决策的制定提供指导性帮助，促进绿色国民经济核算体系的建立。

我国许多地区自然生态系统都是在长期的大规模开发过程中逐渐退化的，自然资源的不断退化不但带来了生物多样性减少、洪涝灾害频发、水土流失加重等一系列生态环境问题，而且严重制约着可持续发展进程的推进和社会福祉的进一步提高。生态系统服务的社会福祉效应研究，特别是生态系统服务价值评估，是促进自然生态系统保护、提高地区发展潜力的基础性研究工作。由于我国以往大多数的生态系统服务价值评估工作主要停留在静态分析层面，表达的多是自然生态系统变化过程的部分片断，没有在相关的环境决策制定中占据足够的分量，也就造成了评估工作与决策工作互相脱节的局面。生态系统服务社会福祉效应的动态评估不但能够增强研究结果的时效性，而且可以反映生态系统服务的长期变化趋势及对社会福祉的长期影响，因此，有利于决策者对生态系统服务动态变化以及生态系统服务与经济发展之间平衡点的准确把握，便于对不同发展情景下可能的相关决策进行路径对比，提高管理效率。此外，将生态系统服务的社会福祉效应货币化不但能够反映出社会现实，传达社会发展所需要的政策，而且可以清晰地表达自然资源在促进社会经济可持续发展过程中所能展现的多样化机会以及丰裕的社会经济利益。

第二节　国内外研究进展

一、生态系统服务社会福祉效应相关研究

（一）生态系统服务研究

1. 生态系统服务概念及内涵

人类的发展史就是一部人与自然的关系史，无论是在人类发展的哪一个阶段，人类都是从自然界索取维持自身生存和发展的资源，不同的只是在不同阶段表现出的索取方式和索取程度的不同（申曙光，1994）。随着人口数量的不断增长以及社会生产力的不断飞跃，人类对自然界的干扰日益强烈，环境污染、资源耗竭等问题相继涌现。面对自然生态系统健康程度的日益恶化，人类开始审视自身对自然资源的利用方式并逐渐意识到自然生态系统对自身福祉和社会发展的重要性。由此，生态系统服务、生态系统服务的社会福祉效应等相关研究相继展开。

生态系统服务概念的产生先后经历了"环境服务（SCEP，1970）—自然服务（Holdren and Ehrlich，1974；Westman，1977）—生态系统服务（Ehrlich P and Ehrlich A，1981）"的发展过程，其中环境服务和自然服务概念的相继出现为生态系统服务概念的产生奠定了十分必要的理论基础。1981 年，"生态系统服务"的概念首次出现在 Ehrlich P 和 Ehrlich A 所著的 *Extinction：The Causes and Consequences of the Disappearance of Species* 一书中，此后伴随着人们对生态系统服务认识的不断深入，这一概念的内涵逐渐得到了丰富和发展。

许多学者和机构曾对生态系统服务的概念进行过定义，但由于不同领域的研究背景、研究目的以及研究内容的不同，定义的角度和方式也不尽相同。纵观国外此领域的相关研究，目前较具代表性的生态系统服务概念主要有以下几种，如表 1-1 所示。

表 1-1　生态系统服务定义

序号	定义	文献来源
1	生态系统服务是指人类直接或间接从生态系统功能中获得的各种产品和服务	Costanza 等（1997）
2	生态系统服务是指生态系统满足和维持人类赖以生存与发展的各种环境条件与过程	Daily（1997）
3	生态系统服务是指能够引起人类社会福祉发生变化的各种生态系统功能	De Groot 等（2002）
4	生态系统服务是指人类从生态系统中获得的各种收益	MA（2005）
5	生态系统服务是指生态系统被直接消费或享用进而创造人类福祉的那一部分	Boyd（2007）
6	生态系统服务是指生态系统被人类主动或被动地利用来创造自身福祉的各个方面	Fisher 等（2008）
7	生态系统服务是指生态系统对人类福祉的贡献，它产生于生态系统生物与非生物过程之间的相互作用	CICES（2011）

　　学术界对于生态系统服务定义的表述曾出现过激烈的争论，这主要是因为 Boyd（2007）提出的定义引起的质疑声较大。由于该定义只将被人类直接用来创造自身福祉的生态系统部分定义为生态系统服务，而忽略了许多生态系统的间接过程和功能，所以学者普遍认为该定义具有明显的片面性（Fisher et al.，2009）。与此相对应，MA（2005）在 Daily（1997）和 Costanza 等（1997）研究的基础上提出的生态系统服务定义则得到了最广泛的应用，该定义是在联合国"千年生态系统评估"的背景下提出的，强调的是生态系统服务的变化对不同层面的人类福祉状况变化的影响，它将生态系统服务广义地定义为人类从生态系统中获得的各种收益，并指出其中包括所有人类从自然生态系统中直接和间接获取、感知与未知的收益（Costanza，2008）。本书强调的是湿地生态系统服务的社会福祉效应，因此也采纳 MA 提出的定义，将有利于社会福祉状况改善的各项湿地生态系统服务均归属于收益。

　　为了更加清晰地理解生态系统服务的内涵，本书用表 1-2 来综合概括目前这些较具代表性的生态系统服务定义。其中，"配置"表示生态系统的组织与结构，"运行"表示生态系统的过程与功能，"结果"表示与社会福祉相关的各种结果。这三部分的关系如下，生态系统结构是生态系统过程与功能产生的基础平台，生态系统过程与功能则需要将人类作为载体才能转化为相应的服务，而服务最终转变为社会福祉就需要人类从生态系统服务中获得一定的收益（Fisher et al.，2009）。因此综合起来，生态系统服务的产生需要经历一个"生态系统结构—生态系统功能与过程—生态系统服务—社会福祉"的流动过程。

表 1-2　生态系统服务定义的内涵

配置	运行	结果
存量	流量	服务
结构	功能	产品

续表

配置	运行	结果
基础设施	服务	利益
模式	过程	—
资本	—	收入

我国生态系统服务基础理论方面的研究起步较晚。20世纪80年代，随着生态系统服务内涵、分类、价值评估等方面理论知识的逐步引入，相关研究才逐渐开展起来。研究初期，国内学术界并没有统一使用"生态系统服务"这一术语，而是出现了"生态系统服务（赵景柱和肖寒，2000；徐中民等，2002）""生态系统服务功能（欧阳志云等，1999；谢高地等，2001；肖玉等，2003）""生态服务功能（石培礼等，2002；赵传燕等，2002）"等多种表述方式。随着MA研究一系列成果的发表以及在国际产生的广泛影响，2005年后国内逐渐统一使用"生态系统服务"这一表达方式（谢高地等，2006；王兵和鲁绍伟，2009；吕一河等，2013）。对于生态系统服务的概念，由于国内相关研究是在Costanza等（1997）的文章在 *Nature* 上公开发表后才广泛展开的，所以国内沿用最多的一直是同期Daily提出的定义（辛琨和肖笃宁，2000；张志强等，2001；李双成等，2011；谭明亮等，2012）。2005年以后，由于受到联合国"千年生态系统评估"的广泛影响，MA的定义也逐渐得到国内学术界的广泛引用（江波等，2011；张振明等，2011；陈春阳等，2012）。

2. 生态系统服务特征

生态系统服务的概念及内涵为不同背景下的评估工作提供了分析框架，而对生态系统服务关键特征的理解则有助于更好地进行生态系统服务评估、管理、保护及恢复等工作，对于更好地把握生态系统服务所联结的生态系统与社会经济系统之间的相互作用更是至关重要。综合来看，目前国内外对于生态系统服务特征的表述主要包括以下几个方面。

1）公共-私人物品属性

公共物品和私人物品是一组相对的概念，学者通常通过排他性和竞争性来对这两个概念进行描述。排他性是指消费者在购买一种商品后将其他消费者排斥在该商品利益之外的特性；竞争性是指消费者消费某一种商品后限制其他消费者对该商品进行消费的特性（Engel et al.，2008）。具有成熟的市场环境的生态系统服务具有明显的排他性和竞争性，如生态系统提供的食物、药材、原材料等，因此这些生态系统服务通常属于私人物品；而不存在市场环境的生态系统服务一般不具备这两种属性，如气候调节、生物多样性保护等，因此这些服务往往视为公共物品（Chichilnisky and Heal，1998；Chee，2004）。公共物品属性会造成当自然生态系统退化造成的生态系统服务供给不断减少时，没有人愿意和主动为这种结果买单，也就是说会出现市场失灵的现象，因此，在这种情况下，往往就需要政府决策的外力来加以调控（Laurans et al.，2012）。另外，还有些生态系统服务属于具有排他性和非竞争性的俱乐部物品，如城市绿地休闲、沙滩娱乐等，以及具有非排他性和竞争性的公共资源，如深海鱼类、土壤碳封存等。需要强调的是，在排他性与非排他性、竞争性与非竞争性之间并没有清晰的界限，一般来讲，非排他性物品可以通过专利申请等方式使之具有排他性，而非竞争性物品也会随着资源稀缺性的不断增加而具有竞争性（Farber et al.，2006；Farley and Costanza，2010）。

2）时间-空间动态性

生态系统的生物与非生物组成之间的物质和能量传递是一个连续的过程，人类从中获得的各种收益在不同时间、不同地点会呈现出不同的变化。这表明生态系统服务并不是静态的，而是在时间尺度和空间尺度上均表现出强烈的动态特征（Rodríguez et al.，2006）。

尺度是用来表达物体或现象在时间和空间上的物理维度，生态系统服务则是在一系列的时间尺度和空间尺度上对社会经济系统发挥效应，从短期到长期，从区域尺度到全球尺度（MA，2005）。通常情况下，大尺度、长期的生态系统过程会在小尺度、短期的生态系统过程上施加一系列的物理约束，而小尺度生态系统过程的联合影响则会激发大尺度层面的生态系统过程（Limburg et al.，2002；Hein et al.，2006）。时间尺度上，由于许多生态系统过程的变化速率较为缓慢，所以人类感知到各种生态系统服务对自身福祉状况产生的显著影响往往需要经历很长时间。另外，由于人们通常只注重即时利益的获取，所以在自然资源利用和开发过程中一些具有长期效益的生态系统服务往往被忽视掉，如土壤形成、生物多样性保护、气候调节等。空间尺度上，不同生态系统服务具有不同的空间尺度特征，如区域尺度的农业生产，流域尺度的水资源供给、均化洪水，全球尺度的生物多样性保护等，这也就决定了具有不同空间尺度依赖的生态系统服务利益相关者地理空间分布的不同（Moberg and Folke，1999；Steffan-Dewenter et al.，2002；Carpenter et al.，2009；Sabatino et al.，2013）。环境决策的制定应以生态系统服务的时间-空间动态特征为依据，以保证当代人之间、代与代之间获得同等生态系统服务的机会（Kozak et al.，2011）。

3）复杂性

生态系统结构、过程及功能的复杂性使得生态系统服务并非是一种简单的线性生态现象，而是一个存在积极反馈、时滞以及嵌套现象的复杂系统（王大尚等，2013）。在人类系统与自然系统的耦合过程中，生态系统服务在不同时间和空间尺度上会对社会福祉产生不同的作用模式，同时人与人之间的社会经济差异会导致在生态系统服务选择和处理行为上的差异，这反过来也会作用于自然生态系统的变化（Liu et al.，2007）。生态系统服务评估与环境决策之间存在着紧密的联系，能够为决策提供生态系统服务可持续利用的相关信息，因此需要进行清晰的识别。然而由于决策背景的不同以及数据获取方面的限制，生态系统服务评价指标无论是在选取还是在应用上都存在着相当程度的复杂性（Kandziora et al.，2013）。此外，不同生态条件下生物多样性对生态系统服务所起到的关键支撑作用（Euliss et al.，2010）、生态系统过程与功能对生物多样性的敏感程度（Hooper et al.，2005）以及生物多样性支持生态系统服务供给的阈值（Bateman et al.，2011）等问题也均是生态系统服务整体复杂性的主要来源。

4）利益相关性

既然 MA 认为只有与社会福祉相关的各种生态系统功能和过程才能称为生态系统服务，那么服务是否存在，人类能否从中获得利益就起到了决定性的作用。生态系统服务与利益之间存在着一对多和多对一的两种作用关系，即某种生态系统服务可能产生多种收益，而多种生态系统服务也可能产生同一种收益（李琰等，2013）。例如，湿地的水文调节服务同时可以带来碳封存、生物多样性保护和教育娱乐等方面的收益（Moore and Hunt，2012）；具备栖息地功能的果树林生态系统还具备维持植物种群之间基因交换的功能（Fischer et al.，2006）；森林、海洋、湿地生态系统通过与大气环境之间的能量、水分、二氧化碳以及其他化学物质的交换共同发挥着气候调节的作用（Foley et al.，2007；Chapin et al.，2008；Erwin，2009）等。

人们对于生态系统服务的认识和理解在很大程度上取决于从中获得的各种收益以及所引起的自身福祉的变化情况。以往的环境决策通常只关注生态系统服务的直接经济利益，忽略了一些不具备市场环境的生态系统服务尤其是那些具有明显公共物品属性、长时间、大空间尺度特征的生态系统服务的利益。事实上，这部分生态系统服务所带来的利益往往更高（Boyd，2007；Balmford et al.，2011）。

同一生态系统过程，不同尺度上的受益者从中获得的利益是不同的，这在某种程度上决定了不同利益相关方对于自然资源的利用方式是互相冲突的（李惠梅等，2013）。例如，湿地的均化洪水和生物多样性保护服务通常在流域尺度与全球尺度发挥效应，但区域尺度上人们可能认为将其转化为农田会带来更为直观的经济收入（De Groot et al.，2012）。因此，生态系统服务的评估工作必须与利益分析相结合，并且关注不同生态系统服务对于评价尺度的依赖，以直观地描述和量化人类活动与生态系统服务之间、生态系统服务与社会福祉之间的因果关系，从而更完整地辅助公众和决策者进行决策。

3. 生态系统服务分类

生态系统服务的分类是为便于不同生态系统服务潜在利益的比较以及将

相对零散的服务信息进行整合分析（Wallace，2007）。由于生态系统本身存在较为复杂的动态性，加上生态系统服务所联结的社会经济系统发展背景以及决策背景的差异，生态系统服务分类也如同生态系统服务定义一样，存在多种分类方式。

目前国外现有的生态系统服务分类方式总结起来主要包括以下几种，如表 1-3 所示。

表 1-3　生态系统服务分类

序号	分类依据	决策背景	分类方式	分类来源
1	公共-私人物品属性	生态系统服务市场管理	排他-竞争服务 排他-非竞争服务 非排他-竞争服务 非排他-非竞争服务	Farley 和 Costanza（2010）
2	复杂性 公共-私人物品属性	生态系统服务与人类福祉关系评估	供给服务　调节服务 文化服务　支持服务	MA（2005） CICES（2011）
3	复杂性 利益相关性	生态系统服务价值评估	中介服务　终端服务 社会福祉	Aylward 和 Barbier（1992） Costanza 等（1997）
4	时间-空间动态性 利益相关性	服务空间管理	原位服务　定向服务 区域服务　全球服务	Costanza（2008）
5	公共-私人物品属性 时间-空间动态性 利益相关性	构建环境决策框架	资源供给 良好的物化环境 社会文化关系实现	Wallace（2007）

生态系统服务类别的划分在其发展过程中同样出现过激烈的讨论。Wallace（2007）曾对以往的生态系统服务分类提出过质疑，认为当前多数生态系统服务分类方法都是在 MA 的分类方式的基础上提出的，但是由于在 MA 的服务分类系统中存在没有将生态系统过程与服务进行明确区分这样一个明显的问题，目前尚无一种统一的生态系统服务分类方式，这也是现存许多生态系统服务评估问题产生和阻碍有效环境决策制定的最主要原因。Costanza（2008）则针对 Wallace 提出的应将生态系统过程与生态系统服务进行明确区分这一点进行了评述，认为对生态系统过程与生态系统服务进行明确区分其实是在刻意回避生态系统服务本身存在的复杂性，并且指出，Wallace 提出的生态系统服务分类方式只有在同时满足世界具有清晰的边界、生态系统服务是一个无反馈的静态线性过程、过程与服务之间有着明显的区别、非常小的不确定性、人们完全理解生态系统服务及其对自身福祉状况的影响等一系列条件时才能适用，因此在现实中是不存在应用价值的。Costanza 还指出，生态系统过程能否转化为服务主要取决于人类是否能够从中获得收益，因此，进行生态系统服务分类首先应当承认现实世界的复杂性，而不应该在分类方式上强行地施加不现实的秩序和一致性。

目前学术界的普遍观点是，生态系统服务分类应当与决策背景相结合，这样才能有效避免生态系统服务分类方式应用混乱的现象。表 1-3 中的各生态系统服务分类方法均有一定的适用范围，而一旦应用范围超越了其适用领域，就可能导致一系列问题的产生。例如，在进行生态系统服务价值评估时，采用 MA 的分类方式就容易导致生态系统服务价值的重复计算，造成价值的高估；而如果为了强化决策者及公众对生态系统服务的认识和理解，应用 Costanza（2008）的分类方式来进行生态系统服务知识的宣传和教育在很大程度上就只会增加人们对生态系统服务的困惑等。

生态系统、社会经济系统是复杂且不断演变的，因此构建一个统一的生态系统服务分类系统不具现实意义。生态系统服务分类应当将生态系统服务特征与决策背景相结合，这样才能保证各方面环境决策的针对性和时效性，从而促进和提高生态系统服务的可持续利用。为此，本书在定性表述湿地生态系统服务与社会福祉关系时采用 MA 的生态系统服务分类方法；而在生态系统服务价值评估过程中则主要依据分类方法 3 和 4 来对各项生态系统服务价值进行考量。另外，在进行环境决策建议时采用综合上述各分类方式的第 5 种分类方法。

我国关于生态系统服务的分类研究基本是在 Costanza 等（1997）和 MA（2005）的分类方式基础上进行的，同时结合不同的研究背景和目的，各分类体系也不尽相同。例如，王伟和陆健健（2005）在 Costanza 等的分类方式基础上按照服务的价值属性将生态系统服务归纳为自然资产价值服务和人文价值服务两大类；谢高地等（2008）在 MA 分类方式的基础上结合我国民众和决策者对生态系统服务的理解将生态系统服务分成供给服务、调节服务、支持服务和社会服务 4 个一级服务类别，初级产品提供、气候调节等 14 个二级服务类别，以及食物生产、降水量增加、气温降低等 31 个三级服务类别；张彪等（2010）结合人类需求将生态系统服务分为物质产品服务、生态环境服务和景观文化服务三类；李琰等（2013）将生态系统服务与人类福祉的各个层面相关联，将生态系统服务分成福祉构建服务、福祉维护服务和福祉提升服务三类。

（二）社会福祉研究

1. 社会福祉的概念及内涵

对于生活质量的关注是当代社会的一个显著特征，各种社会评论也都广泛地引用有关社会生活质量的文献。这种现象产生的最主要原因是，随着社会经济财富的不断积累，人们逐渐意识到自身的生活质量并没有与收入或技术进步呈现出同步的增长，人们并没有达到理想中的幸福水平。这样的现实表明，生活质量函数不应当仅包括物质财富这一个变量，社会、政治、文化、自然环境、健康同样是影响生活质量的重要指标。生活质量的意义既应体现在人们所处的环境条件上，如住房、空气、水资源等，也应体现在个人条件上，如健康、受教育程度等（Pacione，2003）。

人类的发展史也是一部通过对幸福追求而不断探究人的存在意义、存在方式和存在内容的反思史（苗元江，2009）。社会福祉的研究正是人们在对幸福生活本质的不断探索过程中逐渐形成的。哲学伦理学认为，从语源学的角度出发，福祉的本义是指经营状况或盈利状况，那么从这个意义上来讲，福祉即对卓越的生活状态的描述，且这种卓越的生活并不仅是建立在追求个人利益基础之上的，而是在实现个人目标的过程中还要尊重他人的利益，同时与传统美德密不可分，如审慎、仁慈、友善、正义等（Sumner，1996）；佛教观点认为，福祉是一种人们固有的、先天性的心理状态，它可以通过修行以及克服引起痛苦的精神和情绪状态来加以培养，简而言之，福祉是一个通往自由的过程（Tideman，2001）；心理学界认为，福祉是人们摆脱不利条件和排除消极情绪后，对身处的这个危险世界作出调整和适应后产生的结果，虽然该定义强调的多是个人的福祉特点，但由于个人通常都镶嵌在社会结构和公共群体中，且总是面临无数的社会任务和挑战，所以个人福祉的集成即社会福祉（Keyes，1998）；经济学界认为，福祉即福利，是对某一个群体生活质量的量化描述，表达的是整个社会每个成员对于生活的满意程度，但由于提及福利，人们更多会考虑的是福利方面的开支或者仅限于物质利益，所以采用福祉一词更能够表征人们对于幸福和快乐的追求（黄有光，2005）。

综合来看，尽管不同学科对于社会福祉的表述不尽相同，但普遍的共识是社会福祉表达的是一种终极状态，反映的是人们对于幸福的追求。在这种幸福状态下，人们能够拥有同等的尊严和平等的权利，能够享有满足各种生活需求的社会服务，能够持有得到倾听和尊敬的个人观点（Johnston，2005）。社会福祉是社会公平、社会资本、社会信任的基础，是种族歧视、暴力与犯罪的解毒剂，任何一种理想的社会福祉状况都需要政府的有效管理、资源的公平分配、服务供给的质量以及人际交往中的互相尊重（Aked et al.，2009）。

2. 社会福祉的构成

许多学者曾对社会福祉的构成要素进行过界定。Keyes（1998）认为，社会福祉应当包括社会整合、社会贡献、社会和谐、社会实现和社会认同五部分，而这五部分又包含在人们的公共生活和个人生活两部分中，且年龄、性别、婚姻状况、种族、受教育程度以及收入均会对社会福祉水平产生影响；MA（2005）研究认为，社会福祉的构成要素应该能够反映出人们在物质、社会、心理和精神等方面所具备的条件，因此基本物质需求、自由、健康、安全以及社会关系五部分就包含全部的社会福祉要素；Frey 和 Stutzer（2006）从经济和政治两方面对社会福祉进行界定，认为收入与就业、民主与公正是影响社会福祉状况的最主要因素；张璐静（2010）重点强调思想道德建设对于社会福祉提高的作用，形成全社会共同的理想信念、道德规范和价值取向将会为社会福祉的改善提供强有力的精神支撑；万树（2011）认为，社会福祉作为一个以人为本的系统，应该包含人与物、人与人、人与社会、人与自然以及人与其自身五部分内容，并将社会福祉划分为经济、政治、文化、生态和身心五个子系统，同时指出福祉经济学应该探讨如何通过经济发展、政府管理、社会文化、自然和个人身心的发展来实现社会福祉的最大化；王靓（2012）在对澳大利亚社区进行福祉评估后指出，经济、社会、文化、环境和民主是构成社会福祉的五大领域，并强调城市规划等工作应将追求福祉最大化作为社会发展的终极目标；孙世强和杨华磊（2012）认为，经济、道德和制度是构成社会福祉的三个主要方面，但目前社会的发展局面是经济人性的发挥强度过大，而道德人性和制度人性的发挥空间过窄，因此要想实现经济与社会的协调发展以及社会福祉的最大化，首先必须要努力实现道德人性和制度人性发挥对经济人性发挥的全面覆盖。

尽管不同的学者对于社会福祉考虑的角度不同，但对于社会福祉的构成要素基本上已经达成了一定的共识，即经济、社会、文化、生态环境和政治已经成为公认的社会福祉组成部分。本书关注的是湿地生态系统服务的社会福祉效应，因此强调的是社会福祉组成中对应的生态环境子系统部分，但由于社会福祉是一个完整的、不可分割的体系，各子系统之间存在复杂而紧密的联系，所以自然生态系统作用于社会福祉提高的目标还需要各子系统之间相互作用的积极发挥，并通过彼此之间关系的不断完善来真正实现社会福祉的最大化。

生态系统服务的社会福祉效应表征的是人与自然之间的和谐关系。生态系统是人类社会赖以生存和发展的基础，传统的粗放型经济发展方式给人类社会发展带来的沉重代价正在日益突显，因此维护自然生态系统与社会发展之间的和谐和平衡就成为改善社会福祉状况的必然选择。

3. 社会福祉的量化

社会福祉的概念较为抽象，包含的层面也较为广泛，因此长期以来，如何恰当地衡量社会福祉一直是学者应对的棘手问题。Girt（1974）曾经指出，社会福祉本质上是一个现象学概念（phenominological concept），对其本质往往难以做到精确把握，因此社会福祉研究的可操作性、可衡量性以及可解释性都具有相当大的困难。

尽管如此，学者还是在不断尝试对社会福祉进行客观的衡量。国际上出现过许多社会福祉量化方法，但由于社会福祉包含社会生活的各个方面，长期以来评估标准始终没有得到统一。例如，"人类发展指数"关注的是一个国家的人均收入、平均寿命和受教育程度，目的在于发现社会发展中的薄弱环节，为社会经济发展提供预警；"社会进步指数"的评价则包括经济、政治、人口、教育、健康、国防等 10 个社会经济领域的 36 项指标，旨在进行不同国家和地区之间社会发展状况的比较；"生活质量标准"则从康、平、和、乐四个主要方面来评价生活质量，这其中包含政治环境、社会环境、经济环境、自然环境、公共服务等诸多方面的评价指标，并侧重于对精神文化以及环境状况等高级需求的评价。此外，在一些特殊情况下，学者有时还会只考虑单一的评价指标，如通过"国内生产总值""国民生产总值""真实储蓄""货币价值""身高""生活质量的调整年份"等来对影响社会福祉的各个方面进行表述（Zeckhauser and Shepard，1976；Fogel，1993；Komlos，1994；Dasgupta and Mäler，2000；Anderssen，2008；Kahneman and Krueger，2006）。

上述主要的社会福祉量化方法当关联到生态系统服务时几乎都缺少相应的评价指标。虽然在诸多的评估方法中包含自然环境方面的评价指标，但涉及的几乎都是针对生态环境子系统中环境污染、自然灾害等方面的评价，因此无法反映生态系统服务对社会福祉状况的影响。

为解决以往经济学中忽视将货币价值分配到使所有经济行为和生命活动成为可能的自然生态系统中，以及无法量化生态系统服务社会福祉效应的问题，本书应用加拿大经济学家 Anielski（2010）提出的用于解释美好生活真正含义的"真实财富"模型。该模型的哲学基础如下：第一，真实的财富代表使生活变得有价值的所有因素，而不仅仅是金钱或物质财富；第二，真实财富应当是充裕的，而不是短缺的；第三，真实财富在互惠的前提下给予和获得时更显充裕；第四，真实财富是自然馈赠的礼物，每个人都有责任分享这份财富；第五，真实财富应当建立在可持续发展的资产完整和活力的基础上，以保证人们对幸福的追求。他认为，用于诠释美好生活和福祉经济的全部因素应当包含在人力资本、社会资本、自然资本、人造资本以及金融资本这五个模块中，而在这五个模块中，自然资本虽然是由自然界免费提供的，却是最重要的财富形式，且作为获得最大福祉的终极手段支配着作为中间手段的其他类型资本。因此，为了能够给经济政策分析提供有效的现实依据以及强化公众对湿地生态系统服务的直觉认识，真实财富模型构成本书的研究基线，即用货币符号来量化湿地生态系统服务的社会福祉效应，并通过多学科研究方法的集成来保证此量化过程的实现。

（三）生态系统服务的社会福祉评价

长期以来，自然资源的"取之不尽，用之不竭"以及"免费"一直被人们视为理所当然。然而随着人口数量的持续增长，人类对于自然界的支配日益强烈，社会经济发展带来了严重的生态破坏和资源耗竭，所造成的社会福祉状况恶化开始不断威胁人类社会的可持续发展（Costanza，1989）。随着生态系统服务不可或缺性的不断体现，以及财富论（自然界是人类社会发展的基础，是一切财富的源泉）（Smith，1776）、稀缺论（稀缺并且有用的就有价值）（Malthus，1826）、效用论（价值是客体能够满足主体的某种功能和效用）（Mill，1863）等理论的相继提出，生态系统服务对社会福祉的重要贡献以及所蕴涵的巨大经济价值逐渐得到社会的广泛关注。

以往有关评估社会福祉的各方法当关联生态系统服务时都存在明显的缺陷。首先，缺少明确的评估标准，不但各方的评估重点不一致，而且各评价方法都缺少明确的生态系统服务方面的测算指标；其次，生态系统服务关联的社会福祉渗透于各个方面，建立一个包含全部社会福祉各层面的指标体系不具备现实性。因此，如何将生态系统服务对社会福祉的影响通过一个综合指标来进行量化就成为学术界共同需要解决的问题（MA，2005）。Balmford 等（2002）曾就目前世界范围内尽管存在着公认的自然资源蕴涵巨大社会经济利益，但自然生态系统仍在持续退化的局面给出了三个经济方面的原因：首先，信息的失效。公众和决策者缺少对自然生态系统提供生态系统服务的具体价值的直观认识，因此虽然人们对于其蕴涵的巨大的社会经济利益拥有广泛的共识，却不会采取具体的保护措施。其次，市场的失效。来自自然生态系统的更广泛的利益通常在于无形的、非市场化的生态系统服务，因此这些外部利益当与短期、既得的利益冲突时，就容易被忽略。再次，决策的失效。一些政府税收与补贴上的保护政策往往导致局部的自然资源的过度开采，然而从长期和更大尺度的层面来看，这些干预措施往往直接造成自然资源利用的效率低与不可持续。鉴于以上三方面，自然生态系统的可持续利用与保护就需要从经济学角度对于其带来的整体社会利益赋予新的诠释。

1997 年，Costanza 等在 Nature 上发表了"The value of the world's ecosystem services and natural capital"一文，文中指出，自然资本（生态系统服务）直接或间接地贡献于社会福祉的变化证明了自然资本是地球总价值一部分的事实，如果将生态系统服务进行价值上的量化，不但可以通过与经济产出进行比较来表明其所产生的社会福祉效应，而且便于与一切其他社会福祉改善的政策和措施进行效益上的比较并由此构建响应机制。另外，由于现行经济体系中的任何东西都有其价格，生态系统服务的社会福祉效应货币化分析不但有助于人们更好地了解人力和社会资本损失的全部成本，而且可以通过这种方式与社会经济影响的剖面数据进行交叉比较。至此，生态系统服务价值评估成为学者综合评定生态系统服务社会福祉效应的主要手段。

生态系统服务价值评估是将生态系统服务与社会福祉相关的多个方面综合为一个统一的计量单元，此评估手段跨越了存在于生态系统服务与社会福祉之间的复杂反馈关系，直接锁定生态系统服务给社会带来的终端利益，因此无论是分析方法还是评估结果均更易于被公众和决策者理解，也更容易产生各方面的积极响应（De Groot et al.，2012）。另外，通过这种最简单和直观的方式来进行生态系统服务社会福祉效应的量化还可为社会公平、真实财富代际分配等方面提供科学信息。

Sachs（2005）认为国家或个人收入的提高取决于资本总量的不断增长，如果资本总量下降，收入最终也会随之下降。自然资产作为现代经济活动最重要的生产要素之一，其总量的变化将直接影响经济发展状况（李小健，1999）。社会经济活动以人为主体，以环境为客体，又以生态系统的运行和发展为载体，因此自然资源的储备量对于一个国家的富裕程度起着基础性和决定性的影响（王必达和高云虹，2009）。自然资源与市场消纳提供的社会福祉同等重要，减少自然资源消耗以保证更多的生态系统服务供给是社会最根本的利益所在，生态系统服务价值评估不但能够有效"追踪"自然资产的供给条件和利益分布情况，还可以用来进行交易权衡以及绩效评价（Boyd，2007）。

目前，生态系统服务价值评估几乎已经渗透到了全球的所有区域和自然生态系统类型。生态系统服务价值总量评估是其中的一个主要研究领域：Costanza 等（1997)对全球 16 个生态系统类型的 17 种生态系统服务进行的价值评估是这一时期研究成果中的最显著代表，此后这一领域的研究便大量展开，而此文章中提出的生态系统服务价值当量成为许多学者进行各个国家和地区生态系统服务价值评估的主要参考（Kreuter et al.，2001；Zhao et al.，2004；Zang et al.，2011）；Pimentel 等（1997）评估了生物多样性对于生态系统维持有机废弃物处理、土壤形成与保护、生物害虫防治等功能的重要性，结果证明生物多样性保护不但每年能够产生近 3000 亿美元的经济和环境效益，而且对于未来社会所需要的安全、多产、健康环境的形成具有重要意义；Loomis 等（2000）对普拉特河流域生态系统服务恢复后的经济价值评估认为，该流域的污染物处理、水质净化、土壤侵蚀控制、野生动物栖息地供给和娱乐五项服务能够产生 1900 万～7000 万美元的总经济价值；Balmford 等（2002）认为虽然全球范围自然生态系统的消失和降级仍在继续，但是自然资源能够生产出巨大的经济价值这一事实正在被不断地接受，他们认为一个有效的针对全球生态系统保护的政策方案至少可以产生 100：1 的经济收益。

生态系统服务价值总量的评估过程也伴随着诸多质疑，质疑的焦点主要集中在评估中作出的研究区域内生态系统的资本形态和社会背景完全相同的假设上，且这样的评估结果无法表达生态系统服务的空间异质性和时间动态性（NRC，2004；Bateman et al.，2011）。在这样的背景下，结合研究区域土地利用变化进行的价值评估就成为这一研究领域的又一主流。研究内容主要集中在对比不同生态系统之间的相互转化以及同种生态系统的不同利用方式所带来的相应利益得失上，其中对于没有直接进入市场环境的生态系统服务进行的价值评估则成为权衡相关利益得失的核心内容。

van Vuuren 和 Roy（1993）对加拿大湿地生态系统转化为农田生态系统造成的生态系统服务价值变化进行了评估，得出的结论是，虽然转化后的农田生态系统使局部的经济利益得到提高，但是大尺度、国家层面的经济和社会利益是降低的。其中评估的三种类型的湿地生态系统服务的平均价值为 5800 美元/hm^2，而转化后的农田生态系统的平均价值只有 2400 美元/hm^2；Bann（1997）对柬埔寨热带森林生态系统在不同利用方式下可能产生的经济价值进行了比较，得出的结论是，森林生态系统所提供的间接服务价值为 1300～4500 美元/hm^2，而直接服务价值为 400～1700 美元/hm^2；Sathirathai 和 Barbier（2001）对泰国红树林生态系统转化为水产养殖区后的利益得失进行了估算，结论是，红树林生态系统的服务价值为 1000～36000 美元/hm^2，而水产养殖的价值只有 200 美元/hm^2；Yaron（2001）对喀麦隆热带森林生态系统可能转化成为的农业生态系统或油棕和橡胶种植区的价值进行了评估，最终得到的评估结果是，热带森林生态系统服务价值是 3400 美元/hm^2，而转化为农田或者油棕和橡胶种植地后的价值将分别为 2000 美元/hm^2 和 –1000 美元/hm^2；Kreuter 等（2001）评价了圣安东尼奥地区 1976～1991 年土地利用变化所带来的生态系统服务价值变化情况，结果表明，随着该地区 65%的牧地的减少以及 29%的城市用地的扩张，15 年间的生态系统服务价值共下降了 15.4%；Richmond 等（2007）研究了全球生态系统服务变化对经济总量的影响，得出了全球净初级生产力每变化 1%将影响全球真实 GDP（gross domestic product，国内生产总值）产出平均波动 0.13%的结论，且生态系统服务降级给不发达国家带来的影响要远超于发达国家；González 等（2012）对墨西哥湾沿岸地区的土地利用变化造成的生态系统服务价值变化进行了评估，得出的结论是，尽管整个墨西哥湾沿岸地区大量城市用地的扩张带来了可观的直接经济利益，但是丧失的海岸防护、观赏和娱乐等生态系统服务价值远超过其直接经济利益；Estoque 和 Murayama（2013）分析了 1988～2009 年菲律宾北部碧瑶市人口快速增长和城市持续扩张给自然景观与生态系统服务带来的影响，研究发现，景观变化导致生态系统服务价值在 21 年内降低了近 60%，此过程中生态系统服务的人均支付意愿也由 1988 年的 31 美元降低到了 2009 年的 7 美元。

我国的生态系统服务价值评估工作同样主要集中在上述的两个方面，目的在于清晰地表达所评估的生态系统服务的特殊性、可能产生的经济价值或开发潜力，从而为生态系统服务的可持续利用和地区的规划建设提供基础参考。

生态系统服务价值总量的评估工作主要如下：欧阳志云等（1999）应用影子价格和工程替代等方法对我国生态系统服务的间接经济价值进行了评估，得到的 30.49 万亿元评估结果证明了生态系统服务所蕴涵的巨大经济价值；谢高地等

（2003）参考了 Costanza 的部分研究成果，同时在调查问卷的基础上制定了我国的生态系统服务价值当量表，为我国的生态系统服务价值评估工作发展起到了重要的推进作用；李加林等（2004）应用 Costanza 价值当量对杭州湾南岸生态系统服务价值进行了评估，结果表明 2000 年杭州湾南岸的生态系统服务价值总量为 91.1 亿元，其中间接服务价值是直接服务价值的 5.85 倍；刘敏超等（2005）对三江源地区的生态系统服务价值进行了评估，结果表明该地区生态系统服务的价值总量为 3377.1 亿元，其中废弃物处理、水源涵养、气候调节、土壤形成与保护和生物多样性服务价值占总价值的 80%以上；王春芳等（2006）应用谢高地的价值当量对新疆地区的草地生态系统的服务价值进行了计算，结果表明，新疆草地生态系统的年平均价值为 71.3 亿美元，其中低平地草甸是生态系统服务价值的主要来源；刘韬等（2007）应用不同的价值评估方法对洪湖湿地生态系统服务价值进行了评估，评估结果表明，洪湖湿地的生态系统服务价值总量为 21 亿元，其中水产品供给、涵养水源以及调蓄洪水是服务经济价值的三种最主要来源；魏强等（2014）通过运用协整与误差修正模型对 1986～2010 年黑龙江省生态系统服务对区域经济增长的影响进行分析后表明，生态系统服务不但保障经济体系的稳定运行，而且对经济增长具有明显的促进作用，净初级生产力每提高 1%将会促进真实 GDP 增长 0.0257%。

结合土地利用变化的生态系统服务价值评估研究可以定量地反映出土地利用规划对生态环境产生的影响，并能够有效证明维持生态系统服务功能的重要性以及提高土地利用规划环境可行的必要性。这方面的研究工作主要如下：肖玉等（2003）对莽措湖流域 1990～2000 年生态系统服务价值变化进行了研究，结果表明，10 年来莽措湖流域土地利用变化造成了 0.471 亿元/年的生态系统服务价值的减少；王新华和张志强（2004）对 1987～2000 年的黑河流域土地利用变化对生态系统服务价值的影响进行了评估，结果表明，生态系统服务价值总量从原来的 404.2 亿元/年下降到 370.3 亿元/年；蔡银莺等（2005）对大连市农地城市流转对区域生态系统服务价值的影响进行了研究，研究结果表明，大连市 1996～2003 年农地城市流转造成的经济损失达 1.4 亿元；王宗明等（2004）对 1980～2000 年吉林省和三江平原土地利用变化导致的生态系统服务价值变化进行了评估，结论均证明土地利用变化造成地区生态系统服务价值的大幅度降低；蔡邦成等（2006）在 Costanza 和谢高地的价值当量的基础上结合 1994～2001 年昆山地区的土地利用情况进行了生态系统服务价值变化情况的评估，两种价值当量条件下的评估结果均证明生态系统服务价值的不断下降趋势；岳书平等（2007）分析了近 30 年来东北样带不同类型区土地利用变化对生态系统服务价值的影响，结果表明除通辽市外，各地区生态系统服务价值均呈现减少趋势，价值指数严重缺乏弹性。

已有的研究结果表明，为了促进生态系统服务可持续利用和管理的环境决策，生态系统服务对社会福祉的贡献需要尽可能地进行准确和可靠的量化。Watson 和 Albon（2011）研究指出，在进行任何生态系统服务价值评估时都要对影响生态系统服务供给的环境、经济、政策变化情况进行充分了解，同时要对不同发展背景下可能出现的长期变化结果进行推断，而且应充分说明生态系统服务价值是如何随着上述条件变化而产生相应变化的。生态系统服务价值评估的未来发展趋势是，除了利用土地利用变化来客观反映潜在的生态系统服务价值转化，还需要对未来的生态系统服务价值进行预测评估。进行这种跨时期的生态系统服务价值评估主要是因为当前进行的价值评估通常忽略了应该赋予后代人应有的权利，即充分享有至少不低于当前生态系统服务水平的机会。此外，由于环境问题通常具有较长时滞的特征，生态系统破坏对社会造成的影响往往在几十年甚至几百年以后才显现出来，因此对于环境问题带来的短期影响和长期影响，就需要通过一定的分析手段来进行预测，进而评估预测背景下的生态系统服务价值变化情况（Suárez et al.，2002）。而对于这方面的研究，我国几乎处于空白状态。

二、湿地生态系统服务社会福祉效应研究进展

（一）湿地生态系统研究

1. 湿地生态系统结构

湿地的定义在学术界经历了长期的争论，这主要是由湿地生态系统的高度动态性以及边界难以确定造成的（Mitsch and Gosselink，1993）。Dugan（1990）指出，目前正在使用的湿地定义多达 50 多种，这成为湿地资源在调查、管理、分类过程中出现各种混淆和矛盾的最主要原因。当前弹性最大、应用最广的湿地定义是由 *Ramsar Convention*（即《湿地公约》）提出的，即不论其为天然或人工、长久或暂时性的沼泽地，泥炭地或水域地带，静止或流动的淡水、半咸水、咸水水体，包括低潮时水深不超过 6m 的水域，还包括邻接湿地的河湖沿岸、沿海区域以及位于湿地范围内的岛屿或低潮时水深不超过6m 的海水水体（Matthews，1993；陈克林，1995）。由此可知，湿地既包括内陆水域，又包括海滨区域（MA，2005）。

不同于湿地概念存在的多方争论，湿地生态系统的结构得到了学者的广泛共识。湿地生态系统是湿生、中生和水生植物、动物、微生物与环境要素之间密切联系、相互作用，通过物质交换、能量转换和信息传递所构成的占据一定空间、具有一定结构、执行一定功能的动态平衡整体（吕宪国和刘红玉，2004）。如图1-1 所示，湿地生态系统结构是指湿地生态系统的生物和非生物网络（Turner et al.，2000）。在非生物要素中，水既是湿地生态系统的重要组成部分和显著特征之一，

又是营养物质和能量的流动载体，对湿地土壤的生化条件有着重要影响；土壤则与水有着密切的联系，既是湿地化学转换发生的中介，又是化学物质的储存场所；气候条件影响着湿地的水文周期、洪泛频率以及植被类型。在生物要素中，湿地植物主要包括生长在地表经常过湿、常年淹水或季节性淹水环境中的沼生、湿生和水生植物；湿地动物则通常是指喜欢湿润环境的鸟类和鱼类，它们是湿地生态系统的主要消费者，具有种类多、数量大、分布广的特点；湿地微生物是湿地生态系统的分解者，对湿地生态系统的物质转化、能量流动起着重要作用，影响着湿地生态系统的演变。

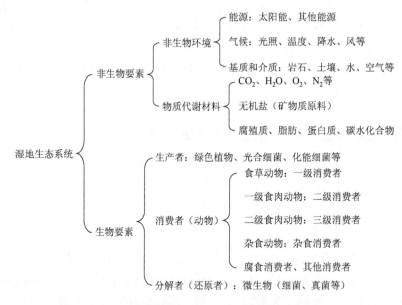

图 1-1　湿地生态系统结构（吕宪国和刘红玉，2004）

2. 湿地生态系统功能

湿地生态系统是介于陆地生态系统和水生生态系统之间的过渡带，是一种同时具有生态敏感性和环境适应性的系统（Turner et al.，2000）。半水半陆的环境决定了其特殊的生物、物理和化学功能过程以及地理分布（黄锡畴，1982）。湿地生态系统功能是指湿地结构之间的相互作用（Barbier et al.，1997），而湿地的水平衡特点则是其生态系统功能的根本所在（Winter，1988）。

Preston 和 Bedford（1988）概括地将湿地生态系统功能划分为水文功能、水质功能和生命支持功能三大类，其中水文功能包括均化洪水、基流影响和地表水地下水调节等，水质功能包括水质净化、沉积物截留等，生命支持功能包括生物栖息地供给、食物供给、初级生产等；Richardson（1994）将湿地功能划分成全球层面、生态系统层面和种群层面三个层次，其中全球层面的功能是指湿地对全球 C、N、S 等元素循环的影响，生态系统层面的功能包括调水蓄水、生物地球化学转换、初级生产及分解等，种群层面的功能包括提供野生动植物栖息地、生物多样性保护等；Zedler 和 Kercher（2005）认为生物多样性保护、水质净化、均化洪水以及碳汇功能是湿地生态系统的核心功能；吕宪国和刘红玉（2004）、刘正茂等（2008）将湿地生态系统功能划分成湿地水文功能、湿地生物地球化学功能和湿地生态功能三大方面。其中水文功能是指湿地在水循环和水土保持方面所起的作用，与此相关的湿地生态系统服务包括均化洪水、地下水补给、径流调节等；生物地球化学功能是指 C、N、P、S 等元素在湿地土壤与植被之间进行的迁移转化和能量交换，与此功能相对应的服务有净化水质、营养物质循环、气候调节等；生态功能是指湿地提供的栖息地功能和生物多样性保护等。

3. 湿地生态系统服务

湿地生态系统服务是指具有社会经济价值的湿地生态系统功能（Zedler，2000），其存在主要取决于社会需求（Turner et al.，2000）。研究指出，虽然当前全球的湿地面积已不到陆地总面积的 9%，但湿地生态系统仍然为人类提供广泛的、极具价值的生态系统服务（Zedler and Kercher，2005）。湿地生态系统服务是人们从湿地资源的直接和间接利用中获得的。湿地生态系统服务产生的社会福祉效应主要表现如下：湿地土壤可以用于农业开发，湿地水资源能够保障鱼类供给，湿地植被可以用于气候调节，生物多样性保护能够保障全球基因安全，水文调节能够改善生活用水质量、保障人体健康，湿地旅游具备娱乐、科研等多方面应用价值等（Barbier et al.，1997）。

湿地生态系统服务的相关研究同样是在 Costanza 等（1997）的研究成果发表后广泛开展的。Barbier 等（1997）将湿地生态服务划分为均化洪水、地下水补给、海岸线及风暴防护、沉积物和营养物质截留与运输、水质净化、生物多样性保护、湿地产品、文化价值、娱乐与旅游、气候调节十项，并指出不同湿地依据其类型、面积和位置的不同，其提供的生态系统服务也不尽相同；Woodward 和 Wui（2001）通过对湿地生态系统服务研究的相关文献总结后指出，湿地生态系统服务主要包括生物栖息地供给、均化洪水、水质净化、美学及娱乐等；MA（2005）指出湿地生态系统为保障社会福祉提供了许多关键服务，这些服务总体上也可以分为供给服务、调节服务、文化服务和支持服务四类，其中供给服务主要包括粮食、鱼类、水资源、原材料、遗传物质的供给等；调节服务主要包括气候调节、水文控制、污染物降解、土壤侵蚀控制与保护等；文化服务主要包括休闲娱乐、美学、科研、教育等；支持服务主要包括生物多样性保护、土壤形成、营养循环等。

湿地生态系统服务研究旨在将成果与相关环境决策的制定相结合，并最终致力于社会福祉状况的改善。此研究需要科学工作者对湿地生态系统的服务和功能进行充分的解析并及时对信息进行传递（Costanza，1989）。为此，本书依据 MA 对湿地生态系统服务的分类方式，并结合湿地生态系统所提供的未直接进入市场环境的支持服务、调节服务以及文化服务来进行湿地生态系统社会福祉效应的研究。

（二）湿地生态系统服务社会福祉效应评价

湿地生态系统作为全球最具生产力的生态系统之一，与森林生态系统、海洋生态系统统称为三大生态系统，并拥有"地球之肾"和"生物超市"的美称（Barbier et al.，1997）。人们对于湿地生态系统重要性的认识是随着时间不断发展变化的，然而由于湿地生态系统提供的生态系统服务多数是无形的且通常作为一种公共物品，所以长期以来湿地生态系统都视为荒地或一种价值很低甚至没有价值的自然生态系统。在这样的背景下，当湿地生态系统服务与能够带来直接经济利益的生态系统服务相比时，湿地生态系统服务的经济价值就容易在环境决策的制定过程中被决策者忽略，从而直接造成湿地生态系统利用方式的改变以及被首选为过度开垦和开发的对象（Schuyt，2005）。

20 世纪 60 年代末，自然生态系统尤其是湿地生态系统的经济价值就开始在环境决策的制定中被低估（Hein et al.，2006）。英国的一项全国范围的湿地生态系统调查结果表明，虽然人们已经逐渐意识到湿地提供的许多重要的生态系统服务对于社会福祉状况维持及改善的重要性，但社会从中获得的各方面利益仍没有得到充分的识别和量化，湿地生态系统仍然面临着诸多威胁（Watson and Albon，2011）。从以往的研究中可以看出，目前全球范围的湿地生态系统几乎都经历了极大程度的退化或消失：美国 54%的湿地全部转化成了农业用地（Tiner，1984）；葡萄牙阿尔加维地区 70%的湿地被农业和工业用地所代替（Pullan，1988）；菲律宾 67%的红树林资源在 1920~1980 年消失（Zamora，1984）；西班牙 60%的天然湿地在 1948~1990 年退化消失（Maltby，1991）；法国 63%的天然湿地在 1900~1993 年消失（Westerberg et al.，2010）等。

伴随着全世界湿地资源的不断退化与消失，虽然湿地生态系统的重要性正在得到不断的认可，但这样的认识并不足以保证对湿地资源的可持续利用。湿地资源的过度开发以及利用方式的改变通常是由于对其提供的间接生态系统服务的忽略造成的，因此对于不存在市场环境的湿地生态系统服务价值进行评估就成为湿地生态系统服务社会福祉效应评价的重点所在，目的在于通过将评估结果应用到未来的相关决策制定中，促进湿地生态系统的保护和湿地生态系统服务的可持续利用（Barbier et al.，1997）。

目前湿地生态系统服务的价值评估大致包含以下三个方面的评价工作：①针对某一具体湿地的一项或多项生态系统服务进行的价值评估（Barbier and Strand，1998；Acharya，2000）；②针对已有的湿地价值研究进行的综述和对比评估（Woodward and Wui，2001；Brander et al.，2013）；③采取某一具体方法针对不存在市场环境的间接服务价值进行的评估（Pate and Loomis，1997；Jogo and Hassan，2010）。Brander 等（2006）就这三方面对以往的 190 篇湿地生态系统服务价值评估相关文献进行了定量分析，研究结果表明，按湿地类型划分的服务价值评估结果表明，无植被沉积区（unvegetated sediment）的生态系统服务价值总量最高，平均每年产生的经济价值在 9000 美元/hm^2 以上，而红树林生态系统的价值总量最低，价值大约为每年 400 美元/hm^2；按照生态系统服务类型划分的价值评估结果表明，湿地生态系统的生物多样性保护价值最高，每年的经济价值大约为 17 000 美元/hm^2，而木材以及其他原材料等供给服务的价值最低，价值总量分别为每年 73 美元/hm^2 和 300 美元/hm^2；按照不同价值评估方法划分的评估结果表明，条件评估法得到的价值评估结果最高，其次是替代成本法和享乐价格法，价值评估结果最低的是应用机会成本法和生产函数法进行的评估。

我国的湿地生态系统服务价值评估工作在 2000 年展开，同样，比较多的案例是针对某一典型湿地生态系统所提供的某一项具体的生态系统服务进行的。辛琨和肖笃宁（2002）评估得到的盘锦地区湿地生态系统服务价值总量为 62.13 亿元，此价值是当地 2000 年国民生产总值的 1.2 倍；庄大昌（2004）对洞庭湖湿地生态系统服务价值评估后得到的价值总量是 80.72 亿元，其中调蓄洪水价值就占全部价值的 45.99%；崔丽娟（2004）对鄱阳湖湿地生态系统的主导服务功能进行了价值评估，得到的总价值为 36.27 亿元，其中调蓄洪水和污染物降解的价值占全部价值的 82.47%；段晓男等（2005）对乌梁素海湿地生态系统服务价值评估后得到，直接使用价值只有 0.45 亿元，而间接使用价值为 6.68 亿元；李景保等（2013）研究了三峡水库蓄水对洞庭湖湿地生态系统服务价值的影响，研究结果表明，1996 年三峡水库蓄水以后，洞庭湖湿地的生态系统服务价值总量比蓄水前增加了 20.42 亿元，其中间接价值占价值总量的 80%左右。

目前湿地生态系统服务价值评估方法的选择还没有统一的标准，因此各方的价值评估结果也千差万别。另外评估过程中没有注重对湿地生态系统核心服务功能的把握，且存在着忽略经济发展、物价水平、贴现率、人均支付意愿等多种因素对价值变化的影响的现象，因此湿地生态系统服务价值评估工作的准确性和可靠性以及对于经济发展与生态变化之间平衡的把握还存在较大的提升空间。

第三节　研究内容、研究方案及创新点

一、研究内容与拟解决关键问题

（一）研究内容

1. 生态系统服务社会福祉效应研究理论基础

本部分主要从基本概念辨析入手，对生态系统服务的社会福祉效应研究涉及的基础理论进行阐述，主要包括福祉经济学理论、效用价值论、生态经济学理论、福祉地理学理论和可持续发展理论五部分，界定各理论涉及的相关概念和领域范畴，并阐述各理论给本书带来的启示。

2. 湿地生态系统演变规律及驱动机理分析

湿地生态系统的演变过程是湿地生态系统服务的变化过程，是多重驱动力因子共同作用的结果。深刻把握引发湿地生态系统及其服务演变的驱动力以及驱动力之间的相互关系，是制定决策措施、提高各方面积极响应的基本条件。本部分主要从自然驱动力和人为驱动力两方面来对湿地生态系统演变的驱动力影响进行探讨，并将三江平原湿地生态系统演变过程及驱动力分析作为实证案例，应用Tobit 模型在对三江平原地区的温度、降水量等自然驱动力和人口、经济、土地利用变化、政策制度等人为驱动力进行分析的基础上，选取对湿地生态系统演变过程具有显著影响的各驱动力因素，通过 BP（back propagation）神经网络的建立来对未来三江平原地区的湿地面积进行预测，从而阐述各驱动力的主要影响方式和影响途径。

3. 湿地生态系统服务社会福祉效应分析

湿地生态系统的大面积退化引发了诸多的不利于社会福祉状况维持与改善的问题，如水资源短缺、生物多样性减少、洪涝灾害频发、环境污染、气候变化等。本部分主要从供给服务、调节服务、文化服务、支持服务四个方面，定性梳理不同生态系统服务类型对于社会福祉改善与提高所产生的各方面积极作用，以期通过对其相互依存关系的阐述来强化公众和决策者对湿地生态系统当前状况与不同生态系统服务获取路径的感知，从而为今后可能采取的湿地可持续管理提供理论依据。

4. 湿地生态系统服务价值评估

湿地生态系统服务的社会福祉效应研究需要通过综合的途径来实现。本部分主要是在福祉经济学中对社会福祉量化分析方法的基础上,综合应用生态经济学、福祉经济学、福祉地理学等多学科理论方法来对湿地生态系统提供的生态系统服务,特别是不具备市场环境的生态系统服务进行价值评估,通过价值评估结果来反映湿地生态系统服务所具有的巨大经济价值以及进行湿地生态系统保护和恢复的必要性,从而为相关决策过程的进一步确定提供科学依据。

5. 湿地生态系统服务作用于社会福祉改善的对策及建议

针对当前湿地生态系统亟待保护与恢复的紧迫局面,为提高湿地生态系统服务贡献于社会福祉整体水平的提高,促进今后湿地生态系统服务的可持续利用,本部分以上述各部分主要研究结果为依据,从建立以市场为导向的湿地生态系统管理机制、完善湿地生态系统保护公众参与制度和提高对湿地生态系统的可持续管理三个主要方面提出今后我国湿地资源保护与恢复的对策及建议。

(二) 拟解决的关键问题

1. 湿地生态系统演变驱动力影响分析

引发生态系统演变的驱动力因素通常难以进行清晰识别,并且各驱动力因素之间的相互作用关系也较为复杂。本部分将三江平原湿地生态系统演变驱动力影响分析作为实证案例。三江平原湿地生态系统在特殊社会经济发展背景下的演变过程具有其自身的特殊性,驱动力因素本身的变化过程也具有明显的区域特色,因此如何科学准确地进行三江平原湿地生态系统演变过程的驱动力分析,以及模拟驱动力发展变化影响下的湿地生态系统响应状况就成为本书需要解决的关键问题之一。

2. 湿地生态系统服务社会福祉效应的阐述

湿地生态系统提供多种重要的生态系统服务,纵观全球的湿地生态系统演变,在以往的社会经济发展过程中,一些十分重要的湿地生态系统服务都没有得到足够的重视。究其原因,主要是由于公众和决策者对湿地生态系统服务产生的社会福祉效应认知不够造成的。因此,如何清晰表述两者的重要依存关系就成为本书亟待解决的现实问题。

3. 湿地生态系统服务价值评估

生态系统服务价值评估目前是生态系统服务社会福祉效应量化的最主要手段。以往国内外的生态系统服务价值评估工作都存在着评估结果不准确、可靠性不高、评估结果与决策制定过程相互脱节的问题。因此如何依据不同的湿地生态系统服务的时空尺度特征准确地量化湿地生态系统服务对社会福祉的贡献就成为本书的主要问题，同时如何通过评估结果来反映今后的相关湿地生态系统保护及恢复决策措施的制定也相应成为本书的难点。

二、研究方案

（一）研究方法

本书借鉴福祉经济学的基础理论方法，并结合生态经济学、经济地理学、环境科学等多学科分析手段来对湿地生态系统服务的社会福祉效应进行评估。研究过程中采用的主要分析方法包括 Tobit 模型、BP 神经网络、福利函数模型、替代成本法、支付意愿调查法、选择试验法、距离衰减原理以及 GIS（geographic information system，地理信息系统）空间分析方法等。

（1）将三江平原湿地生态系统演变驱动力影响分析作为实证案例，应用统计学方法对近 60 年三江平原湿地生态系统的演变和各驱动力因子的变化过程进行分析；在驱动力影响定性分析的基础上，应用 Tobit 模型分析各驱动力因子对湿地生态系统演变过程的影响，并通过 BP 神经网络来构建三江平原湿地面积预测模型，将分析结果作为未来湿地生态系统保护干预措施制定的主要切入点，从而有针对性地提高各方面的积极响应。

（2）在效用价值论的基础上，通过福祉经济学中福祉-效用-价值的固有内在关系，同时结合不同地区的社会经济发展背景，对湿地生态系统提供不具备市场环境的调节服务、文化服务和支持服务价值进行评估。应用福利函数模型进行跨时期的湿地生态系统生物多样性保护价值评估，从时间尺度上探讨该服务的价值流变化过程；应用替代成本法，在对湿地生态系统均化洪水作用机理进行详细分析的基础上，从洪水削减效应类比的角度来对均化洪水服务的价值进行评估；在支付意愿调查法和距离衰减原理的基础上，应用 GIS 空间分析技术对湿地旅游价值的空间作用方式进行模拟，分析该服务的市场辐射范围及价值流变化的空间路径。

（3）为提高评估结果的准确性以及扩大评估方法的适用范围，对影响各部分评估结果的主要参数变化进行分析，对比不同参数取值下的服务价值变化程度，权衡不同发展情景下各发展路径的利弊得失，从而强化本书在为相关决策提供信息时的应用价值。

（二）数据来源

本书所需的三江平原地区社会经济数据主要来源于《黑龙江统计年鉴》《佳木

斯统计年鉴》《双鸭山社会经济统计年鉴》《依兰县国民经济和社会发展统计公报》《穆棱市国民经济和社会发展统计公报》等统计资料；白洋淀流域社会经济数据主要来源于《河北统计年鉴》《保定市国民经济和社会发展统计公报》等统计资料；三江平原地区土地利用数据中 1986 年、1995 年、2000 年和 2005 年数据来源于中国科学院东北地理与农业生态研究所遥感中心解译数据，2010 年数据是通过东北地区抗洪救灾专题数据集由 ArcGIS 计算得到的；白洋淀流域土地利用数据来源于中国科学院地理科学与资源研究所解译数据；三江平原地区气象数据来源于佳木斯、鹤岗、鸡西、宝清、富锦和虎林 7 个气象站、《松辽流域水资源公报》和《松辽流域地下水公报》；挠力河流域径流量监测数据来源于宝清和菜咀子水文监测站；书中湿地生态系统服务价值评估相关数据主要通过问卷调查的方式进行获取，还有部分数据来源于已发表文献。

（三）技术路线

1. 总体思路

本书在系统梳理国内外生态系统服务社会福祉效应相关研究的基础理论和评估方法的基础上，以福祉经济学和效用价值论中“福祉-效用-价值”三者的内在关系为主线，以湿地生态系统演变过程及其驱动力分析为前提，通过对湿地生态系统提供的调节服务、文化服务和支持服务的价值评估来量化湿地生态系统服务的社会福祉效应，并将评估过程中对量化结果有显著影响的主要参数作为决策制定的主要切入点，提出湿地生态系统服务可持续利用和作用于社会福祉改善与提高的对策建议。

本书的总体研究框架如下：首先，对国内外生态系统服务的社会福祉效应相关研究进行系统梳理和述评，对基础理论及相关概念进行归纳和辨析，为接下来的本书进展提供理论依据；其次，对湿地生态系统的演变过程及其驱动力影响进行分析，模拟驱动力因素综合影响下的湿地生态系统响应模式，以此来作为探讨湿地生态系统服务变化的现实依据；再次，通过阐述湿地生态系统的社会福祉效应，利用福祉经济学中“福祉-效用-价值”三者的内在关系，对湿地生态系统提供的调节服务、文化服务和支持服务的经济价值进行评估，以价值评估结果来反映湿地生态系统服务变化可能对社会福祉状况产生的综合影响；最后，在湿地生态系统服务价值评估基础上，从建立以市场为导向的湿地生态系统管理机制、完善湿地生态系统保护公众参与制度和提高对湿地生态系统的可持续管理三个主要方面对今后的湿地资源保护与恢复提出对策建议。

2. 技术路线图

技术路线如图 1-2 所示。

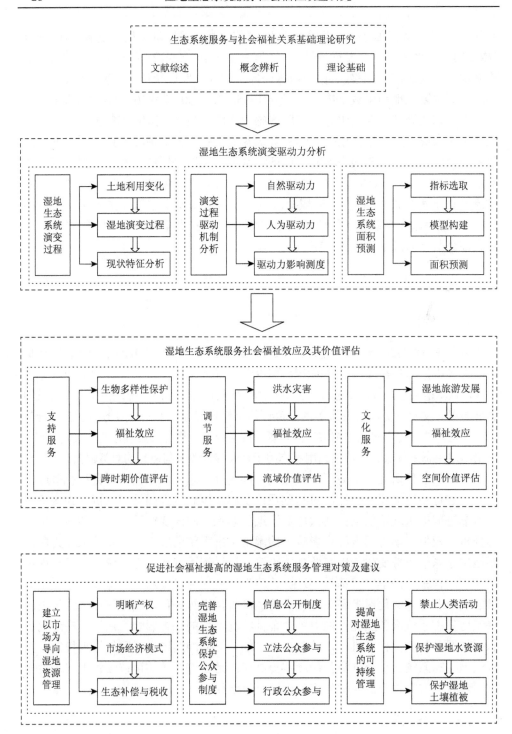

图 1-2　技术路线图

三、创新点

（1）针对湿地生态系统演变过程和潜在的驱动力要素，应用 Tobit 模型对各驱动力的影响进行量化分析，并将分析结果通过 BP 神经网络来建立驱动力因素与湿地生态系统之间的映射关系，补充目前国内关于驱动力对生态系统演变影响综合量化以及相互作用关系研究的不足，并以此作为相关干预措施制定的切入点，从而便于提高各方面的积极响应。

（2）将不同的湿地生态系统服务价值评估工作纳入不同的时空尺度下进行。以均化洪水价值评估作为调节服务价值评估的案例，以湿地旅游价值评估作为文化服务价值评估的案例，以生物多样性保护价值评估作为支持服务价值评估的案例，分别从流域尺度、区域尺度和跨时期尺度进行生态系统服务价值评估，清晰表达各项湿地生态系统服务价值评估所适用的时间尺度和地理范围，避免单一评估尺度下可能产生的错误结论。

（3）在传统的支付意愿调查法、替代成本法等价值评估方法的基础上，创新性地结合福利函数模型、距离衰减原理等方法来实现不同尺度下评估结果的集成，完善和丰富了此领域的相关研究。

第二章　概念辨析与理论基础

第一节　概　念　辨　析

一、湿地生态系统服务

生态系统服务是指人类从生态系统中获得的各种收益（MA，2005）。相应地，湿地生态系统服务即人类从湿地生态系统中获得的各种收益，这些收益主要包含在供给服务、调节服务、文化服务和支持服务四类服务中。其中收益，是指湿地生态系统提供的各类产品与服务的统称，但由于在产品与服务之间并没有一个精确的界限，也是出于突出湿地生态系统在调节服务、文化服务等方面收益的考量，遂将所有来自这些方面的产品和服务的收益统称为服务。

水在湿地生态系统中扮演着重要的角色，湿地提供的生态系统服务也均与"水"有关。供给服务中，水资源供给对于其他供给服务以及绝大多数的调节服务、文化服务和支持服务都是不可或缺的，湿地生态系统中水资源量的减少将直接影响湿地生态系统提供的各项生态系统服务质量。调节服务中，气候调节和水文控制是湿地生态系统最具特色和最为突出的两项服务。气候调节服务体现在湿地生态系统的碳汇功能上，而水文控制则直接体现在湿地生态系统均化洪水和抵御自然灾害的功能上。文化服务中，由于湿地生态系统通常拥有优美的自然环境和丰富的动植物资源，所以提供着重要的美学、教育和娱乐性质的生态系统服务。支持服务中，生物多样性保护的重要性尤为突出，这是因为许多植物和动物物种的生存完全依赖于湿地环境，所以对于维持基因多样性和人类社会的可持续发展发挥着不可替代的作用（Barbier et al.，1997；吕宪国和刘红玉，2004；Ramsar Convention Secretariat，2013）。

湿地生态系统并不是同时提供着所有如表 2-1 所示的生态系统服务的，而是随湿地生态系统的类型、湿地面积和地理位置的不同而不同。三江平原湿地生态系统依托于特殊的地理位置和自然条件，提供的生态系统服务主要包括水资源供给、原材料供给等供给服务，均化洪水、水质净化、气候调节等调节服务，生态旅游、科研教育等文化服务以及土壤形成、生物多样性保护等支持服务。本书为突出不同生态系统服务价值评估对于评价尺度的依赖性，避免以往通过单一地使用价值当量进行生态系统服务价值核算而产生的结论可靠程度不够的结果，特结合以往学者对于三江平原湿地生态功能区划研究结果（张春丽，2008；崔玲等，2010）来对不具备市场环境的支持服务、调节服务和文化服务的社会福祉效应进行研究，并通过具体的实证研究阐述这三类服务在跨时期、流域尺度和区域尺度下的价值变化情况，并强调这三类服务在维持湿地生态系统服务的社会福祉效应上发挥的主导作用。

表 2-1　湿地生态系统服务

服务类别	服务案例
供给服务	食物、水资源、纤维和燃料、遗传物质、生物多样性
调节服务	气候调节、水文控制、污染物降解、土壤侵蚀保护、抵御自然灾害
文化服务	心灵享受、旅游、娱乐、美学、教育
支持服务	土壤形成、营养循环、授粉作用、生物多样性保护

二、社会福祉

福祉是指个人生活的幸福满足程度，福祉状况是对社会成员生活状态的评价，而社会福祉则是对全体社会成员福祉的汇总（郭伟和，2001）。社会福祉主要包括维持高质量生活的基本物质需求、自由、健康与安全以及良好的社会关系等方面，反映的是人们在物质、精神和社会需求等方面所应具备的条件。福祉与贫困通常作为某一多维连续统一体的两个端点，其中福祉是依据经验而定的人们认为有价值的活动和状态，而贫困则是对福祉的显著剥夺，因此福祉基本上与幸福、快乐同义（World Bank，2000；MA，2005；Frey and Stutzer，2006）。夏骋翔等（2011）认为，福祉是人们生活质量和生活水平的综合体现，不仅包括收入水平、财富存量、物质和精神上的享受，还包括人们生活的社会和自然环境。因此，福祉的决定因素通常作为各种物品的投入，而这些物品基本上是由自然生态系统所提供的。

福祉一般可以划分为主观福祉和客观福祉两部分。主观福祉是指人们自身需求被满足时内心产生的感受；客观福祉是指人们利用物质资本、人力资本、自然资本和社会资本等实现的自身对物质需求、安全需求、精神需求的满足程度。在评估方法上，主观福祉一般需要通过调查问卷的方法来进行评价，而客观福祉的评价则可以应用计量统计方法来进行（王大尚等，2013）。

对于与生态系统服务相关联的这两部分福祉，客观福祉一般是从供给服务和部分调节服务中获得的，这些服务一般具有一定的市场信号，可以找到相应的市场参照价格。因此，对于这一类服务的社会福祉效应可以通过统计方法或外在的规则来进行评估。主观福祉一般是从那些不具备市场环境的调节服务、文化服务和支持服务中获得的，这种福祉一般居于个人内部，衡量的多是对于福祉消极或积极两方面的影响，因此只能通过调查问卷来量化人们内心的感受。本书重点关注生态系统服务影响下人们的主观福祉部分，尽管这部分福祉无法像客观福祉一样可以通过"快乐仪"来进行直接的衡量与记录，但是也正是因为在主观福祉中，一些因人而异、因时而异的认知性因素扮演着福祉评价过程中的重要角色，有助于对社会福祉层面产生影响的相关问题进行研究。另外，对于全部生活领域层面上人们的主观感受也都可以通过主观福祉来进行评价（Frey and Stutzer，2006）。

与生态系统服务相关联的社会福祉是建立在"能力"框架基础之上的，表达的是人们体验生态系统服务影响下福祉状况变化的能力，而个体之间所具备的选择能力和选择机会之间的差异则决定了个体福祉状况的差异（李惠梅和张安录，2013）。社会福祉的不断提升通常作为社会发展的中心目标或终极目标，且在一般情况下，人们会选择有利于自身福祉最大化的约束条件和策略组合。生态系统服务是社会福祉产生和变化的基础，生态系统通过向社会提供供给、调节、文化和支持这四类服务而直接作用于社会福祉的变化。生态系统服务与社会福祉之间的主要关系如图 2-1 所示（MA，2005）。生态系统服务对社会福祉的影响是在生态系统的开发和保护过程中通过对终端生态系统服务的获取来实现的，其影响途径则主要是通过作用于维持高质量生活所必需的基本物质条件、健康、安全和社会关系等方面的变化来进行的。

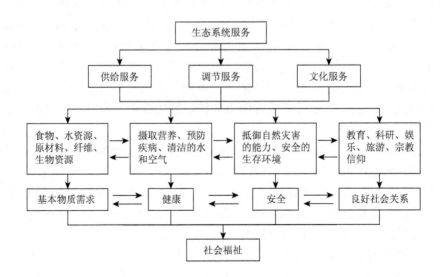

图 2-1　生态系统服务与社会福祉关系

第二节　相关理论基础

一、福祉经济学理论

（一）福祉经济学概述

福祉经济学是在对人类社会发展的终极目标究竟是什么以及如何实现这一终极目标的反复思考过程中发展起来的。尽管在人类社会发展的不同时期以及在不同的社会制度背景下人们对于发展的终极目标的认识有较大差异，但也均持有一些共同的发展目标，即个人的全面自由的发展、个人的尊严和需求的满足、个人幸福的最大化；需求的满足和幸福的获得是以物质文化产品的发展为条件的，经济发展仅仅是人们追求幸福的手段，而不是目的；个人福祉具有主观性和差异性，社会福祉是以个人的主观评价为基础的。总之，福祉经济学将幸福或福祉作为人类社会发展的终极目标，并认为获得幸福、维持幸福和提高幸福是绝大多数人类活动的最主要动机（Frey and Stutzer，2006）。

人类对于福祉或幸福的认识先后经历了古代朴素理性主义、近代古典主义和现代行为主义的三次浪潮，并分别从伦理道德的探索、公平与效率的纷争、心理行为的探视等社会、利益和心理三个层面逐步推进了对社会福祉的感知（万树，2011）。由于早期的经济学主要研究的是产品的生产、分配、交换和消费以及如何通过扩大社会财富总量来提高社会福祉的问题，无法解释社会财富不断扩大的同时社会分配不公、生态环境恶化、劳动异化、人们的主观幸福和总体社会福祉并没有得到显著提高等社会现象（郭伟和，2001）。福祉经济学正是在这样的背景下产生和逐渐发展起来的，其所作出的社会选择行为的假设，即所有社会成员都能够对全部公共选项作出理性的排序奠定了福祉经济学研究的基础（周海欧，2005）。

1920 年，英国经济学家 Pigou 发表的 *Welfare Economics* 标志着福祉经济学基本理论体系的初步形成，他不但确立了外部性理论，而且指出国民收入总量和个人收入分配是影响社会福祉的两个主要因素，并认为社会福祉的提高一方面要提高国民收入总量，另一方面要实现收入均等化；1938 年，Bergson 尝试将公平与效率纳入福利经济学的分析框架中，提出了以所有社会成员的效用水平为自变量的社会福祉函数，并指出可以将其用于指导一个社会可能进行的决策选择；1952 年，Arrow 在 Bergson 研究的基础上将集体选择理论引入福祉经济学中，力求找到 Bergson 社会福祉函数的实现方式，但却由于个人福祉与社会福祉无法兼容，以及完全民主而公正的社会选择在现实中无法实现而最终否定了社会福祉函数的存在。福祉经济学也由此遇到了发展过程中的最大瓶颈。但也正是这一"阿罗不可能定理"成为促进现代福祉经济学发展的基本线索;1970 年,以 Sen 为代表的福祉经济学家以效用函数代替偏好关系来描述个人福祉信息,并通过序数效用函数与基数效用函数来对不可获得和能够获得的偏好信息加以区分,成功地突破了阿罗不可能定理中指出的福祉经济学理论发展的主要约束,证实并探讨了社会选择的可能性以及社会福祉函数的存在性和具体形式(周海欧,2005;万树,2011);此后,随着奚恺元等(2003)、黄有光(2005)、Frey 和 Stutzer(2006)将个性因素、社会因素、环境因素以及政治因素等更为多样化信息引入社会福祉函数中,福祉经济学可解释的社会选择过程也逐渐变得更为广泛,福祉经济学理论也由此趋于完善。

福祉经济学的哲学基础是功利主义人生哲学观,即人的活动的价值目标是获得个人的效用和快乐,而社会的发展目标则是促进最大多数社会成员的最大幸福。在福祉经济学中,福祉与效用是等价的两个概念,虽然存在着使用上的差异,如效用一般用于对个人消费时主观满足的评价,而福祉用于对每个社会成员生活状态的评价,但在评估时通常用个人消费的效用来衡量福祉状况。这也正是福祉经济学的根基所在,若效用不可测量,福祉经济学也就不复存在(郭伟和,2001)。

由于福祉经济学所关注的是随着社会财富总量的不断扩大,社会分配不公、环境污染、劳动异化等问题的出现而没有使人们的主观幸福得到显著提高的现象,所以其应用领域主要集中在评价不同经济体制和不同经济政策的合意性两方面,具体包括评价完全自由竞争市场的合意性、评价政府干预的动机和效果、分析经济外部性与社会福祉关系、分析公共物品与社会福祉关系、分析垄断与社会福祉关系、分析社会保障与社会福祉关系、分析社会公共决策等。本书集中对具有明显公共物品属性的生态系统服务的社会福祉效应进行研究,所应用的评估方法也均是在福祉经济学理论的基础上进行扩展的。

(二)公共物品与社会福祉

公共物品是指多人同时消费的物品。对于公共物品的购买需要同时消费的多个消费者来共同付费,因此,其有效供应条件就是在供求双方各自实现福祉最大化的前提下,全部消费者的个人边际支付意愿之和等于公共物品生产厂商的边际生产成本。然而,不同于私人物品通过市场竞争机制维持供需平衡的情形,公共物品的供求关系是无法靠市场来自发调节的。原因就在于,一个单位的公共物品生产成本本应当是由所有消费者按各自的主观评价来共同承担的,但出于自私行为,每个人都会持有怕自己多负担成本的心理而不愿意真实表露自己的主观评价,甚至都说自己的主观评价为零,这样,这种"搭便车"现象就会造成每个消费者都认为公共物品无价值可言,生产厂商自然也就不愿意生产供应(郭伟和,2001;

沈满洪和谢慧明, 2009; 李政军, 2009)。

在公共物品的消费中, 社会收益要远大于个人收益, 而如果由消费者来提供消费的成本, 就可能使个人消费量达不到社会最优消费水平, 从而降低社会福祉。市场既然不能自发调节公共物品的供求关系, 而公众又需要对公共物品进行消费, 那么这时政府就应当弥补市场的不足来承担公共物品的供应, 补偿私人的消费成本, 从而达到公共物品消费的社会福祉最大化。在公共物品中, 还有一类物品属于具有间接公共物品属性的优效品, 这一类物品通常具有显著的经济和社会效应, 对其消费有利于社会福祉的改善和提高, 但公众往往会出于各种原因不愿意按照自己的最佳利益来采取行动, 这时政府就需要通过法律或行政的手段来迫使人们进行消费, 从而有效避免投入不足、消费不公平和过分市场化的问题 (郭伟和, 2001; 王廷惠, 2007)。

为了避免消费者在表达偏好时隐藏自己的真实评价, 设计一个能让消费者真实表露自己消费偏好的调查机制就成为公共物品能够得到有效供应的关键。为此, 福祉经济学提出了这一调查机制的设计原理: 公共物品供应者告知消费者他们想要获得的是消费者对于公共物品的需求量, 并会结合其他消费者的需求量来决定最终公共物品的供应量, 但要强调个人对此供应量的支付价格是按照公共物品的边际生产成本减去其他消费者的主观评价后来确定的。这样, 消费者就会考虑到如果降低自己的支付意愿, 公共物品的生产就会减少, 个人福祉就会降低, 而如果夸大自己的支付意愿, 公共物品的生产也不会显著增大, 个人福祉也不会显著提高, 从而会真实地表达自己的主观评价, 使个人理性和社会理性保持一致。然而, 尽管理论上可行, 但在实际应用时还需要调查者将原理向被调查者进行详细说明, 另外, 消费者可能对自己的需求曲线不甚了解, 且调查实施也仅能限定在较小范围内进行。排除上述难点, 这一原理的确是福祉经济学较为重要的理论突破 (郭伟和, 2001)。

(三) 福祉经济学的启示

纵观全球的湿地生态系统演变历程, 湿地生态系统的持续退化引发了诸多生态环境问题, 这些问题也成为社会福祉进一步提高和可持续发展进一步推进过程中的主要阻碍。湿地生态系统服务能够带来显著的经济和社会效益, 人们也能够从湿地的恢复过程中不断收获福祉和效用。因此, 湿地生态系统保护可以成为解决不同国家和地区尽管社会财富总量在不断扩大, 但人们的主观福祉并没有得到显著提高这一问题的有效手段。

湿地生态系统提供的许多服务都具有明显的公共物品属性或者属于具有间接公共物品属性的优效品, 虽然不具备占有上的排他性, 但是存在一定程度上消费中的竞争性，即对于湿地生态系统提供的某些服务，一个人的使用就会减少其他人享用的机会。也正是由于这种负外部性，当这些生态系统服务出现经济和社会效应不断弱化的情况时，没人愿意承担这种所谓的"公地悲剧"，随之而来的便是人们对于湿地生态系统价值的不断忽视，从而导致湿地生态系统的破坏现象越来越严重。

　　湿地生态系统服务的可持续供给需要消除人们在支付过程中的"搭便车"心理。真实地揭示人们对湿地生态系统服务所持有的支付意愿是实现服务供需平衡、资源有效配置的必要手段。也就是说，对社会从湿地生态系统服务中获得的福祉进行成本-收益分析将会成为政府决策权衡提供服务种类以及提供服务量的主要标准。福祉经济学理论为本书提供了重要的理论依据，其福祉可量化的观点也为本书进行湿地生态系统服务价值评估提供了重要的理论支撑，尽管无法将评估结果做到百分之百的准确，但所尝试的最大可能的近似将能够为相关决策的制定提供十分必要的科学信息。

二、效用价值论

（一）效用价值论概述

　　效用价值论的观点最早出现在 17 世纪英国经济学家 Barbon 的 *A Discourse of Trade* 著作中。书中指出，一切物品的价值都源于其效用，没有效用的物品，便没有价值；效用表现为物品对人的欲望和需求的满足程度，而物品只有在满足人类在物质和精神层面上的欲望时，才能够成为有用的东西，才能产生效用，才有价值（Barbon and Hollander，1905）。实际上，这样的观点表达的也正是人与自然生态系统之间的关系。

　　18 世纪，意大利经济学家 Galliani 提出了主观效用价值论的观点，他认为价值是随着人的主观感受的变化而变化的，一个物品的效用或价值在于它对人类需求满足的程度，也就是说取决于人们对于事物的心理认知，人的认知程度会决定事物之间在某一个时间点上的交换比例，因此不能考察一个时间段上总量问题（Clawson and Vinson，1978）。瑞士数学家 Bernoulli 也同样强调，一个物品的价值并不以其价格为基础，而是取决于其所带来的效用。物品的价格只取决于物品本身，这对于任何人都一样，而物品的效用则取决于评估该物品的人的自身情况（Kahneman and Tversky，1984）。

　　19 世纪 40 年代，边际效用的概念逐渐形成，英国经济学家 Lloyd 认为，价值主要取决于人的欲望，而人的欲望是随着物品供给数量的变化而变化的，并且这种变化会在满足与不满足的欲望之间的边际上表现出来，也就是说，物品的价值取决于边际效用，而物品的稀缺程度则会直接影响物品的价值。60 年代，德国经济学家 Gossen 正式确立了以边际效用理论为基础的效用价值论，并指出，任何一种物品的边际效用是消费者从多消费一单位的该物品中获得的效用的增加，且随着消费者拥有的某种物品的数量的增多，额外一单位该物品所提供的边际效用会逐渐降低（Blaug，1972；Marshall and Wants，2013）。

19 世纪 70 年代初，英国经济学家 Jevons、奥地利经济学家 Menyer 以及法国经济学家 Walras 将数学和心理学方面的研究与边际效用理论相结合，将增量分析与心理分析融入经济学领域，从而正式拉开了"边际革命"的序幕。他们的基本观点是，任何物品，只要能够使人们产生快乐或避免痛苦，就是有效用和有价值的。效用并没有道德层面上的含义，表达的只是事物的一种品质，而这种品质是从与人类需求的关系中创造出来的（Kauder，2015）。

19 世纪末，效用价值论特别是边际效用价值论逐渐发展成为西方微观经济学的理论基础，边际分析也成为微观经济学和宏观经济学领域研究的主流方法。

（二）效用价值论的一般规律

效用价值论根植于人们不断满足自身需求、提高自身福祉水平的本性。效用即对消费者从物品的消费中得到的满足程度和幸福程度的抽象衡量，也是所有公共政策和私人行动的最终目标（Mankiw，2012）。

效用可以分为总效用（total utility，TU）和边际效用（marginal utility，MU）。其中总效用是指消费者在某一特定时间内消费一定数量的商品所获得的满足，而边际效用是指从增加的单位商品消费中得到的增加的效用。在总效用和边际效用之间存在着这样一种关系：

$$MU = \frac{\Delta TU}{\Delta X}$$

其中，ΔTU 表示总效用增量；ΔX 表示商品 X 的消费增量。此关系式表明，边际效用是总效用的导数，总效用是边际效用的积分；当边际效用为正时，总效用递增；当边际效用为零时，总效用达到最大；当边际效用为负时，总效用递减。由此便可以推导出效用价值论所包含的三个基本规律，也称为格森定律（Gossen and Blitz，1983）。

（1）边际效用递减定律。人们为满足自身的需求和欲望，需要不断地增加消费，但需求和欲望的满足程度会随着消费的增加而逐渐下降，当需求或欲望为零时，消费就应该停止，而如果继续增加，消费的效用就会成为负数，满足就会变为痛苦。该定律说明人们应将第一单位的消费品用在最重要的用途上，而将第二单位的消费品用在次要的用途上。

（2）边际效用均等定律。在物品供给有限和人的欲望无限的情况下，应尽可能使各种欲望被满足的程度相等，从而使各类被享用的物品的边际效用均等，这样人们便能在有限的消费下获得最大的效用总和。

（3）社会用于满足人们需求和欲望的消费性资源总是有限或稀缺的，因此在原有欲望得到满足的条件下，若需获得更大的满足，就需要发现新的享乐方式或扩充旧的享乐方式。

效用价值论将效用看作价值的源泉，同时认为效用仅为价值形成的一个必要非充分条件，而价值的最终形成还要以物品的稀缺性为前提。因此，物品只有当对满足人们的需求和欲望来说是稀少的时候，才可能成为社会福祉构成的一部分，才能表现出价值（Lynn，1991）。稀缺性是指物品的供给相对于需求在数量上的不足，即总是少于人们能够免费或自由获取的情形。稀缺性表明社会在满足人们的需求和欲望时总是存在着生产性资源不足的问题（颜家水等，2009）。一件稀缺的物品，要么是它难以获取，要么是它难以生产，要么两者兼具，因此生产成本可以用来直接反映物品的稀缺程度。稀缺性通常是相对意义上的稀缺，即由于不均衡而造成的局部意义上的稀缺，也正是因为相对稀缺性的存在，经济学才需要研究如何有效配置资源来达到社会福祉的最大化。

（三）效用价值论的启示

效用价值论可以用来解释非常有价值的自然资源有时会出现价格较低或者"免费"的现象。以水资源为例，由于在一般情况下，水资源较为丰富，所以其较低的边际效用导致消费者愿意为每单位水资源支付的价格很低，但如果在沙漠中，由于水资源十分稀缺，边际效用较大，在沙漠中出售的水价格就会较高。这说明，同一种物品的效用会因时、因地、因人的不同而不同。

生态系统服务的社会福祉效应研究是建立在人类能够从各项生态系统服务的消费中获得一定的效用这一事实的基础之上的。湿地生态系统服务是随着湿地资源稀缺性的不断变化而发生效用变化的。在湿地资源较为丰富的时期，由于各项生态系统服务都能大量供给，服务的边际效用较低，价值也较低，人们在这样的背景下往往就会忽略这些服务对社会福祉的贡献，也就不会重视对湿地生态系统的保护；而随着湿地资源的不断退化，湿地生态系统所提供的调节服务、文化服务和支持服务在社会福祉层面上产生的效应就会越来越强烈，即服务的边际效用就会逐渐增大，相应的价值就会逐渐提高，这时才会引起社会对湿地资源保护的重视，才会作为社会财富的一部分。

三、生态经济学理论

（一）生态经济学的内涵

生态经济学是在技术乐观主义者（technological optimism）认为的经济发展能够保持无限增长和技术悲观主义者（technological pessimism）认为的资源总是会限制经济发展的矛盾夹缝中逐渐发展起来的。前者长期秉持着人类主宰自然界的观点，认为自然资源对经济发展的限制可以通过生产技术的不断革新来解决，持续的、无限的经济增长才是健康的；后者则认为人类属于自然界的一部分，技术的发展无法从根本上避免资源对经济发展的限制，健康的生态系统应该维持在稳定的生态级别上（Costanza，1989）。生态经济学立足于解决这样的矛盾，它将生态学方法应用到经济学中，同时将经济学方法应用到生态学中，从而避免以往经济发展过程中对能源、资源、环境、经济状态的忽视，走出一条合适的、有效的、可持续的社会发展道路（周丽华，2004）。

生态经济学以当前人类面临的诸多紧迫问题为背景，如生物多样性减少、水土流失、气候变化、自然灾害频发及人口增长过快等。生态经济学是研究整个地球生态系统和人类经济亚系统应该如何运行才能实现人类社会可持续发展的学科，其研究目的在于促进实现经济生态化、生态经济化及生态系统与经济系统之间的协调发展（张志强等，2003）。经济生态化，就是要求任何经济活动既要遵循经济规律，又要遵循生态规律，使经济活动建立在不损害生态环境的基础之上；生态经济化，就是要求不能将自然资源作为免费的自由物品来使用，而是既要考虑其生态价值，又要考虑其经济价值；生态系统与经济系统之间的协调发展，就是要求生态系统和经济系统不应是相互冲突的，而是协调发展、和谐共生的（王松霈，2003；沈满洪，2008）。

（二）生态经济学基本规律

1. 生态经济协调发展规律

生态经济协调发展规律是指经济系统是生态系统的子系统，经济系统是以生态系统为基础的，经济发展受生态系统容量的限制；生态系统和经济系统所构成的生态经济系统是一对矛盾的统一体，如果两个系统彼此适应，就能达到生态经济的平衡，如果两个系统彼此冲突，就可能出现生态经济失衡的状态；人类社会应通过认清生态经济系统，使自身的经济活动水平保持一个适当的"度"，以实现生态经济系统的协调发展（林道辉等，2002；沈满洪和谢慧明，2009）。

生态经济协调发展规律是支配作为生态经济有机体的现代经济发展规律全局的基本规律，具有以下三个基本特点：生态经济系统的联系性，即生态系统与经济系统之间存在广泛的联系，同时生态系统内部、经济系统内部、生态经济系统内部各要素之间存在广泛的联系；生态经济系统的矛盾性，生态经济系统中存在着两大突出矛盾，经济系统对生态系统中自然资源需求的无限增长与生态系统中自然资源供给的有限性之间的矛盾，经济系统中日益增长的废弃物数量与生态系统中环境容量的有限性之间的矛盾；人类经济社会的适应性，虽然人类不能创造规律，但是人类可以顺应规律，生态系统并不是一成不变的，而是在发生着不断的动态演替，因此，人类可以按照生态规律创新生态系统，可以按照生态经济规律增强人与自然的协调性（尤飞和王传胜，2003）。

2. 生态需求递增规律

生态需求递增规律是指随着消费者收入水平的上升，消费者的生态需求所呈现出的递增趋势。生态需求是消费者对生态环境质量需求和生态经济产品需求的总称。微观经济学指出，需求是消费者在一定时间内在某一价格下对一种商品或劳务愿意而且能够购买的数量，也就是说，需求是消费者主观愿望与客观能力的统一。从主观愿望来看，随着生活水平的提高，人们对生活质量、生命质量的要求日益提高；从客观能力来看，随着社会经济的迅速发展，人们的收入水平相应地迅速增长，因此，其支付能力也迅速增强。这两个因素共同作用使得人们对生态产品的需求呈现出递增的趋势（钟茂初，2004）。

生态供给是生产者对生态环境质量和生态经济产品供给的总称。高质量的生态环境和生态经济产品属于典型的高档消费品，在衣食不饱的情况下，人们的首要目标是生存，对高质量的生态环境和生态经济产品的追求还提不上议事日程；在进入小康社会乃至进入富裕社会后，随着人均收入水平的提高，人们对高质量的生态环境和生态经济产品这种高档消费品的需求会以更快的速度提高（柳杨青，2004；王光华和夏自谦，2012）。

由供求原理可知：如果生产者对生态产品的供给保持不变，那么生态需求的递增会导致生态产品价格的上升；如果生产者对生态产品的供给出现递减，那么生态需求的递增会导致生态产品价格的大幅度上升；如果生产者对生态产品的供给增加，那么生态需求的递增会导致生态产品价格的上升趋势得到缓解。因此，面对生态需求的递增趋势，可以通过增加生态供给实现生态产品的供求平衡。

3. 生态价值增值规律

生态价值增值规律是指生态资源不是无价的自由物品，而是有价的经济资源，随着经济社会的发展，生态资源呈现出日益稀缺的趋势，因此，生态价值呈现出增值趋势（程宝良和高丽，2005）。这一规律主要包括以下几个要点：生态资源是有价的稀缺资源，因此要树立生态有价论，要进行生态经济化；生态投资是实现生态资本增值的必要途径。在生态有价和生态经济化的前提下，从事生态投资和从事经济投资具有同等重要的意义；应当依靠制度创新来激励生态投资，以保证生态资源与生态产品的足额供给。

（三）生态经济学的启示

　　湿地资源是地球拥有的宝贵自然财富，人口的快速增长和经济的飞速发展造成湿地资源的日益退化，由此造成湿地生态系统提供各种生态系统服务的能力不断下降，加上地区湿地生态系统保护与恢复工作的长期滞后，湿地生态系统服务供给与需求之间的矛盾日益激化。

　　在生态经济学理论的指导下，首先，应该认清社会经济发展是应当建立在地区生态效益、经济效益和社会效益相结合的基础之上的，地区的发展应该依托于湿地生态系统的合理保护和开发，从湿地生态系统服务中探寻地区可持续发展路径。其次，减缓社会经济发展与湿地保护之间的冲突。经济发展不应当继续以湿地生态系统的开发为代价，而应该是社会经济系统与湿地生态系统协调发展，加大力度保护和恢复湿地生态系统对服务的持续供给能力，以提高不同地区的竞争优势和适应能力。进行湿地资源投资，从湿地生态系统中拓展地区的可持续发展路径，同时，还需要通过采取积极的政策制定和制度创新措施来加以保证，从而在不断推进湿地生态系统服务持续供给的过程中实现地区经济的快速发展，在生态与经济的平衡中实现社会福祉的最大化。

四、福祉地理学理论

（一）福祉地理学概述

　　20 世纪 50 年代，随着社会经济矛盾冲突和经济地理空间格局不平衡问题的加剧，社会发展的传统模式逐渐受到来自各方面的广泛质疑。在此之前，地理学研究一直缺少对人文因素的关注，而随着人本主义哲学思潮的逐渐渗透，一些西方地理学家开始在地理学的研究中将人类行为和社会价值观念体系中的一些非经济因素融入其中，地理学研究的人文化趋势也随即形成。在这种趋势下，经济地理学开始专注对经济活动的区位选择、空间组织、与环境的关系相关方面研究，这些方面虽然在很大程度上衍生于对经济政策的潜在关注，但是一直对相关福祉问题和政策的制定等问题保持沉默（Neary，2001；何力武，2009）。

20世纪70年代初，经济地理学研究逐渐关注区位对贫困、犯罪、种族歧视、社会服务等一些社会福祉问题的影响，同时将福祉经济学研究的社会公平与分配平等等问题融入地域空间系统分析中，力求通过辅助相关决策的制定来达到地域空间范围内的社会福祉的最大化。由此福祉地理学这一人文地理学分支逐渐产生并发展，它是经济地理学社会化和福祉经济学人性化的必然结果。

福祉地理学的理论基础是福祉经济学中的外部性理论以及政治哲学中的功利主义理论。外部性是指当人们从事一种影响他人福祉状况，而对这种影响既不付报酬又不得报酬的活动时所产生的外部效应。如果对他人的影响是不利的，就称为负外部性；如果对他人的影响是有利的，就称为正外部性。外部性尤其是负外部性会导致福祉分配和成本承担上的不公平性，因此会阻碍社会福祉的最大化。为此，就需要改变激励，从而使人们在进行社会活动时考虑到自身行为的外部效应，即外部性的内在化。地域空间层面的外部性根源于地理区域的整体性、差异性和普遍联系性，因此，福祉地理学研究就是力图在地域空间系统内消除负外部性以达到社会福祉状况的最佳。

功利主义是研究如何把个人决策的逻辑运用到涉及道德和公共决策问题中的一门学问，其理论出发点是效用，即人们从环境中得到的幸福或满足程度。效用是福祉的衡量指标，也是所有公共政策和个人行动的终极目标。功利主义以效用为理论基础，因此效用价值理论的基本定律对于功利主义同样适用。此外，功利主义否定福祉分配的完全平等化，这是因为该理论认为人们是会对激励作出反应的，而如果福祉分配完全平等，人们就会降低勤奋工作生产的激励，因此对于政府来说，为了使社会福祉达到最大化，同样不会促进完全的平等的实现。

现阶段，福祉地理学的研究内容主要集中在两方面。一方面，所有经济地理活动都会产生外部性，因此会对社会福祉产生影响，而如何消除负外部性，即如何通过地理选址、区域规划、产业布局等经济地理活动来达到地域空间系统内的福祉状况最佳就成为当前福祉地理学研究的主要内容；另一方面，福祉地理学还重点研究人与人之间的伦理关系、幸福意义及空间含义，因此关注的福祉和生活质量并不局限于单个个体，而是集合地区或区域的福祉及生活质量等相关问题。人类是从空间分布的各种要素中获得福祉的，这就决定了一方面要素空间分布的不均衡性将导致福祉的区域差异，另一方面人类的自身差异将决定获取福祉的途径和效率的不同，因此公平与效率等价值判断问题也是福祉地理学的关注要点。

延承以往学者透过地理学方法进行的犯罪、贫困、社会公正、环境污染等福祉方面的研究，未来的福祉地理学还应将研究内容和视野扩展主要集中在对于社会经济发展目标的重构、福祉状况的空间量化表达以及区域福祉差异调控等核心问题上。另外，区域发展的宗旨是提高地区的社会福祉水平，为此福祉地理学应突出其研究的政策含义，评估各项决策对于社会福祉改善的作用和优势，从而体现其对区域政策制定和执行上的现实指导意义（王圣云，2011）。

（二）福祉地理学的双重属性

1. 福祉经济学属性

随着社会财富总量的不断扩大，人们逐渐发现，分配不平等、环境污染、主观幸福等社会福祉问题并没有得到明显改善，反而出现恶化的现象。当时在这些问题的研究上需要一个科学的理论分析框架，因此福祉经济学就在这样的背景下逐渐发展起来。

福祉经济学是一门分析和评估不同经济状态下社会福祉状况是否合意的学科。它本质上是一种实证分析工具，也是依某种主观标准作出好或坏的判断标准，因此既是对经济因素如何影响社会福祉进行分析的实证经济学，又是对决策措施是否应当被采纳的规范经济分析（郭伟和，2001）。

福祉地理学吸收了福祉经济学的主要理论，同样将福祉最大化作为社会发展追求的最终目标，并以在不损害区域内或区域间他人福祉状况的条件下提高社会总体福祉状况为标准，同时将社会补偿作为决策制定的指导原则以及提倡福祉分配的合理性（孙月平，2007）。福祉地理学将福祉经济学原理和属性映射到具体区域内，结合地区发展条件来判断社会福祉在何种经济发展状态下更高，从而来确定社会经济发展、路径选择、决策制定、资源配置等多重问题（孙英，2005）。

2. 人文地理学属性

社会经济发展正以前所未有的速度和规模影响着地理环境，科学技术的进步使人类利用的地理范围不断扩大，所带来的干扰和影响也日益剧烈，并由此引发了各种危害社会发展的问题，如环境污染、资源供给失调、城市扩展失控等。人们逐渐认识到自然环境在经济增长和社会发展过程的基础地位，也进一步认识到社会、经济、政治、文化等人文因素对自然界能量流动和物质循环的影响，因此对于自然环境与人文环境之间的这种相互作用关系是无法进行分割来研究的。人文地理学将人文现象的空间分布、形成发展规律和演变趋势作为研究主体，注重于对自然环境与人类活动之间相互作用关系的揭示，同时探讨如何通过适应和改造环境来协调人地关系。

福祉地理学作为人文地理学的一个分支，具备人文地理学的主要研究特色：①社会性。人文现象是一种特殊的社会经济活动，不同地域人文现象的发展和变化主要受社会、经济、文化、政治等因素的影响。社会的福祉状况包含在人文现象中，并在人文现象发展演变过程中逐渐变化，因此在研究中要把握福祉的动态性特点并预测其发展方向，从而为社会经济建设服务。②区域性。这是福祉地理学的基本特征，社会福祉状况具有明显的区域性特点，因此在研究福祉的区域性特点时就需要剖析区域的内部结构，以及把握区域内要素与区域间的相互联系和制约关系。③综合性。综合性的特点来源于地理现象的整体性和多样性，而社会福祉几乎涉及社会经济生活的各个方面，加上福祉各组成要素之间、福祉与自然环境和社会环境之间错综复杂的关系，这就共同决定了在进行福祉地理学的研究时要对所有关联要素进行细致的综合分析。此外，综合性也决定了福祉地理学的研究与所有研究人文要素的相关学科均密切相关，如经济学、社会学、人口学、心理学等。

（三）福祉地理学的启示

社会福祉与生态环境息息相关，人类总是盼望社会经济在保持飞速发展的同时能够拥有良好的生态环境，但现实却是随着经济规模的扩大，自然生态系统承受的压力越来越大。湿地生态系统服务对于社会福祉状况的改善具有不可替代的作用。湿地生态系统的演变过程受社会、经济、政治、文化、人口等多重因素共同影响，因此结合地区发展特色来评估湿地生态系统服务与社会福祉之间的关系就需要依托于福祉地理学的相关理论和研究方法。福祉地理学是福祉、时间和空间的三维统一，关注的是社会福祉的定量评价及时间和空间特征。应用福祉地理学理论进行湿地生态系统服务的社会福祉效应研究将有助于创新及推进这一相关研究领域的研究方法的拓展，并通过实证分析与规范分析的结合将最终作用于社会发展目标的重新定位以及相关决策措施的制定与实施。

五、可持续发展理论

（一）可持续发展的内涵

可持续发展揭示了经济发展、环境质量与社会平等之间的关系，是人类对工业文明进程造成的全球性的环境污染和生态破坏进行审视与反思的结果。1987年，世界环境与发展委员会在《我们共同的未来》报告中首次明确提出了可持续发展的概念，即可持续发展是既能满足当代人的需求，又不对后代人满足其需要的能力构成危害的发展。该定义的提出明确了需要有能够平衡人类经济及社会需求与自然资源再生能力的综合决策（赵士洞和王礼茂，1999；张志强等，1999）。

经济、环境和社会是可持续发展的三个组成部分，也称为三重底线，用以衡量某一项目或决策结果是否可持续。这三部分的重要性不分先后，因此三者是否平衡就需要对各部分分别进行审查后来确定。经济方面的指导思想是，当前决策不能以牺牲维持或提高未来的生活水平为代价。这表明经济体系应管理得当，保证资源利用速率不高于资源再生速率，以使得生活质量持续改进；环境方面的指导思想是，要维持生态系统的健康和恢复力，保护生物多样性，可持续地利用各种物种和生态系统；社会方面的指导思想是，维护社会文化系统的稳定，除经济总量增加外，还应在物质水平、收入、教育、医疗等方面全面提高人们的生活水平。

实现可持续发展必须通过九条途径来打破两个恶性循环。两个恶性循环如下：贫穷导致的资源损耗和退化进一步加剧贫困；经济发展导致的资源枯竭和环境恶化阻碍发展进程。九条途径如下：将事物保持或恢复到原始状态；在不超过生态承载力的前提下谋发展；提高自然生态系统的自我调节能力；自主寻求解决环境污染的方法；发挥市场调控机制；外部性内在化；在国家经济核算中体现环境保护支出；对不可再生资源征收额外税；留给后代人的选择和发展机会至少要和现在的处境一样好。

（二）可持续发展基本原则

1. 公平性原则

公平是指机会选择的平等性，可持续发展追求的公平包括同代人的公平、代际的公平以及资源分配与利用的公平三个方面（李龙熙，2005）。人类世代都处于同一生存空间，应当拥有同等的生存权和发展权，因此可持续发展既要满足全体人民的基本生活需求，还要提供全体人民实现更好生活的同等机会。

2. 可持续性原则

可持续性原则的核心是指人类社会的经济发展不能超越资源与环境的承载能力（曾嵘等，2000）。资源与环境是人类生存与发展的基础和条件，离开了资源与环境，人类的生存与发展就无从谈起。人类则应该投资于自然资源的保护和改善，以扩大资源与环境的支撑能力。持续性原则强调的是发展的可控性，即人们通过实践活动可以认识和掌握人类与自然和谐共生的规律，通过决策作出理性的选择，从而实现可持续发展（罗守贵和曾尊固，2002）。

3. 共同性原则

共同性即发展目标的共同性以及行动的共同性。可持续发展的总目标是保持地球生态系统的安全，并以最合理的利用方式为全人类谋福祉；而行动的共同性则要求世界各国摒除历史文化和经济基础等方面的差异，共同治理和预防环境污染，采取联合行动，保护我们的家园，共同实现可持续发展。

（三）可持续发展的启示

可持续发展在环境领域上要求保护生态系统和自然资源的健康与完整，维持生态承载力和生物多样性。可持续发展理论为人类正确处理经济活动与自然生态环境之间的关系提出了全新的理念，在此理论的指导下，经济体系应管理得当，决策制定应放眼于未来社会福祉的维持和提高。

全球范围的湿地生态系统的演化过程呈现出了极度的不可持续性，而湿地资源退化所带来的各种环境影响不断对社会的发展构成威胁，人们逐渐意识到湿地生态系统对于维持和改善社会福祉的重要性。为此，有效地利用日益稀缺的湿地资源，提高湿地生态系统服务的持续供给能力就需要以可持续发展理论为指导。识别湿地生态系统服务的外部性、成本及收益，选择将湿地资源从低效率管理转向作用于社会福祉提高的高效率管理上，并在今后的决策和规划的实施中将社会经济发展对湿地生态系统可能产生的负面影响降到最低，不断调和经济发展与湿地资源开发、技术进步与机构改革、当前与未来之间的矛盾，使未来各个国家和地区不断受惠于其特有的湿地资源，实现经济发展与湿地资源保护的双赢局面。

第三章　湿地生态系统演变规律及驱动机理

第一节　湿地生态系统演变规律分析

一、湿地生态系统时空演变过程

湿地生态系统的退化与消失问题是全球性的，并且平均退化率长期居高不下。相关研究表明，自 18 世纪 80 年代至 20 世纪 80 年代，美国消失了 53% 的湿地生态系统，其中俄亥俄州和加利福尼亚州的湿地资源的退化均超过了 90%；加拿大的湿地资源平均退化约 70%；20 世纪，欧洲、澳大利亚、新西兰湿地面积的退化也均超过 50%；印度尼西亚苏门答腊岛和加里曼丹地区如今仅剩余 4% 的泥炭地面积，同时 37% 的湿地资源呈现出了不同程度的退化（van Asselen et al.，2013）。

我国湿地资源类型多样，但长期以来同样经历了大面积的退化，在不同时间阶段，尽管退化率存在一定的差异，但持续退化的趋势一直存在。Gong 等（2010）研究表明，1990～2000 年，我国湿地面积共减少 5.04 万 km^2，其中天然湿地面积的减少尤为突出，黑龙江、内蒙古、吉林天然湿地面积的退化均超过 1 万 km^2；Niu 等（2012）的研究也证明了这一退化过程，1978～2008 年，我国的湿地生态系统从 1978 年的 30.9 万 km^2 减少到 2008 年的 20.8 万 km^2，减少了约 33%，其中内陆沼泽湿地退化最为严重。通过对比不同时间阶段湿地资源的退化速率发现，我国湿地资源的退化速率呈现出了大幅度下降，1978～1990 年、1990～2000 年、2000～2008 年的湿地面积退化速率分别为 5523km^2/年、2847km^2/年和 831km^2/年；王永丽等（2012）研究了黄河三角洲 2000 年和 2009 年湿地不同时空尺度的景观格局变化，结果表明，虽然 10 年间黄河三角洲滨海湿地海岸线和陆地面积整体呈增长趋势，但天然湿地面积急剧减少；毛德华等（2016）对 1990 年、2000 年和 2013 年 3 个时期的东北地区湿地生态系统分布格局进行了研究，分析结果表明，3 个时期东北地区湿地面积分别为 11.75 万 km^2、10.57 万 km^2、10.41 万 km^2，湿地率分别为 9.45%、8.50%、8.38%，同样呈现出了持续的衰退过程。

除上述学者对于我国湿地生态系统演变过程的研究外，国家林业局于 1995～2003 年和 2009～2013 年分别进行了两次全国湿地资源调查。据第二次全国湿地资源调查结果显示，我国湿地生态系统总面积约为 53.6 万 km^2，其中天然湿地面积约为 46.7 万 km^2，约占全国湿地总面积的 87%。与首次全国湿地资源调查同口径比较，全国湿地面积共减少了约 3.4 万 km²，减少率约为 8.8%。其中，自然湿地面积减少了约 3.38 万 km²，减少率约为 9.3%（耿国彪，2014）。

湿地生态系统的退化过程大幅度削弱了湿地生态系统提供湿地生态系统服务的能力。这些生态系统服务主要包括水资源供给、均化洪水、碳汇、生物多样性保护、沉积物与营养物质滞留、休闲娱乐等。湿地生态系统服务的不断降级给不同国家和地区的可持续发展构成了严重威胁，经济发展受阻、自然灾害频发、贫富差距加大等问题成为相关决策者及部门在处理社会发展、人类生存、生活质量改善问题时需要应对的首要问题。

二、实证研究：三江平原湿地生态系统演变

（一）三江平原概况

三江平原位于黑龙江省东北部，北自黑龙江，南抵兴凯湖，西邻小兴安岭，东至乌苏里江，地理位置界于北纬 45°01′～48°27′，东经 130°13′～135°05′，全区总面积为 10.89 万 km²，平原面积为 6.67 万 km²，由完达山北部黑龙江、松花江和乌苏里江冲积平原和完达山南部乌苏里江支流与兴凯湖冲积、湖积平原构成（图 3-1）。行政区域包括佳木斯、鹤岗、鸡西、双鸭山、七台河所属的 21 个县（市），以及哈尔滨市所属的依兰县和牡丹江市所属的穆棱市。

三江平原是我国最大的淡水沼泽湿地分布区，湿地大面积的集中分布得益于该地区独特的地质地貌、水文、气候和土壤等因素的影响。三江平原地属温带湿润半湿润季风气候区，温度四季变化显著，冬季寒冷干燥，夏季温暖湿润。降水多集中在夏秋季，多雨年份或正常年份地表长期积水，有利于促进沼泽湿地的发育，干旱年份地表积水消失，土壤处于好气状态，堆积的有机残体容易分解，泥炭不易积累。水分稳定程度在时间和空间上的差异导致了三江平原大部分地区发育了无泥炭沼泽，只是在水源补给稳定的地段发育了泥炭沼泽。

三江平原地区河流分属黑龙江、松花江、乌苏里江三大水系，此外还包括湖泊、水库和塘坝等水体类型。全区流域总面积 954.2 万 hm²，总流程 5418km，平原河流具有河床纵比降小、河槽弯曲系数大、河漫滩宽广的特点，易于形成大面积积水并促进沼泽湿地的形成和发育；山区河流上游坡陡流急，中下游比降小，河流弯曲且河床窄小，由于没有明显的河槽，河流排水不畅，容易泛滥，加上主要河流受黑龙江和乌苏里江洪水顶托，抬高了承泄水位，造成两岸低平地排水更为困难，从而有利于湿地的形成。

三江平原地区地势低平，地表有黏土、亚黏土层覆盖，土体紧实，质地黏重，透水性差甚至几乎不透水，导致地表积水难以下渗，地下水也难以上升至地表，

致使湿地不仅在滩地上形成，而且在阶地上的浅洼地上有着广泛的发育。

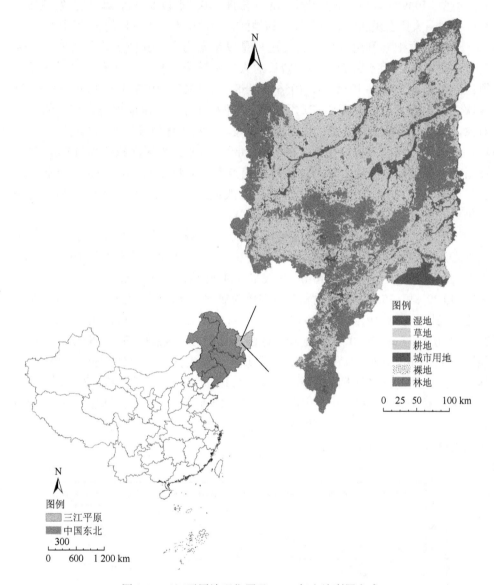

图例
■ 湿地
□ 草地
▨ 耕地
■ 城市用地
▨ 裸地
▨ 林地

0　25　50　　　100 km

图例
▨ 三江平原
▨ 中国东北

0　　600　1 200 km

图 3-1　三江平原地理位置及 2010 年土地利用方式

（二）近 60 年三江平原湿地生态系统演变

1. 土地利用变化

三江平原是我国最大的淡水沼泽湿地分布区，中华人民共和国成立初期，该地区拥有湿地总面积为 534.5 万 hm²，占平原总面积的 80.13%，是平原内部最主要的景观类型。1949 年以后，随着国家经济建设的逐步开展以及对边疆地区开发建设的高度重视，大量农民和转业官兵迁入该地区，由此引发了大规模的土地利用变化。

三江平原土地利用变化的历史进程是以垦殖为主、其他土地利用方式为辅的方式进行的。为不断满足快速增长的人口和国家对粮食的基本需求，三江平原地区曾出现 1949～1954 年、1956～1958 年、1969～1973 年和 1975～1983 年四次大规模农业开发高潮。在这四次农业开发过程中，湿地均成为首选的开发对象，同时伴随着毁林开荒、基础设施建设、水利工程建设等活动的进行。1983 年，三江平原湿地面积退化至 227.54 万 hm²，占平原地区面积的 34.17%，耕地逐渐代替湿地成为平原内部的最主要景观类型。20 世纪 90 年代以后，农业生产虽然将重点转向旱田改水体和中低产田的改造上，但耕地对湿地生态系统的蚕食仍然在持续。

如图 3-2 和表 3-1 所示，在 1954～2010 年近 60 年的时间内，三江平原地区的耕地面积一直保持着持续增加的趋势，面积由 171.3 万 hm² 显著增加到 601.3 万 hm²，净增量为 430 万 hm²。截至 2010 年，三江平原耕地面积分别占平原总面积和地区总面积的 90.29% 和 55.22%；湿地和草地整体向耕地转化，面积也相应呈现持续减少的趋势，其中湿地面积由 383.6 万 hm² 减少到 93.9 万 hm²，草地面积由 99.6 万 hm² 减少到 10.4 万 hm²。2010 年，湿地和草地面积分别占全区总面积的 8.62% 和 0.96%，相比于 1954 年的 35.22% 和 9.15%，均呈现了大幅度的下降趋势；1954～2010 年，林地总面积呈现出波动下降趋势，面积由 411.2 万 hm² 下降到 353.5 万 hm²，而目前三江平原林地几乎都分布在中海拔山地区域；近 60 年内，居民地面积呈现增长趋势，但 1986 年以前的增加趋势较为明显，1986 年以后增长趋势变得平缓，总面积也维持在 22 万 hm² 左右。

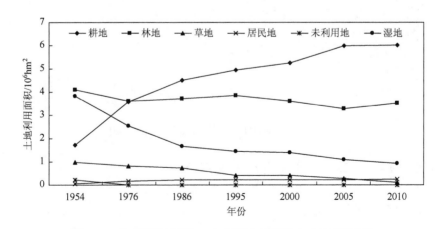

图 3-2　三江平原地区近 60 年不同土地利用方式的面积变化

表 3-1　三江平原地区不同时期不同土地利用方式的面积变化

土地利用方式	面积变化/万 hm²						
	1954～ 1976 年	1976～ 1986 年	1986～ 1995 年	1995～ 2000 年	2000～ 2005 年	2005～ 2010 年	1954～ 2010 年
耕地	187.330	93.820	41.558	30.044	76.071	1.140	429.963
林地	−51.266	12.924	12.294	−24.670	−31.246	24.349	−57.615
草地	−16.304	−8.544	−33.719	0.983	−14.048	−17.596	−89.228
居民地	12.748	3.926	0.943	−0.029	−0.453	3.079	20.214
未利用地	−22.508	−0.131	0.080	−0.068	0.037	0.130	−22.460
湿地	−128.520	−88.330	−21.155	−5.159	−31.640	−14.845	−289.649

　　三江平原地区的农业开发过程是在毁林开荒、湿地排水疏干的基础上发展起来的，土地利用的不合理开发，造成了三江平原降水量减少、地下水位下降、江河断流、森林植被破坏、水土流失、生物多样性减少等一系列生态环境问题。而随着对森林、湿地等生态系统重要性的逐步认识，三江平原地区也进行过一系列环境保护措施的实施，但从整个地区来看，基本上呈现出局部保护、整体恶化的态势。例如，在 1985～1991 年，三江平原地区共造林36.8 万 hm²，并在 1992 年实行了"三五零"造林工程，虽然保证了这一段时期的林地面积的增长，但除林地外，草地和湿地生态系统的恶化并没有得到控制。相关文献也表明，虽然这段时期的林地面积有所增加，但代表林地质量的有林地面积反而出现了下降，区域生态环境质量并没有得到实质性改善（刘殿伟，2006）。

　　三江平原地区土地利用方式的面积变化速率（表 3-2）表明，农业开发最剧烈时期出现在中华人民共和国成立初 20 年，期间随着人口的大量涌入，大量农田被开垦，相应居民地面积也迎来了最快增长时期。耕地面积增长次快阶段出现在改革开放初期和 21 世纪初期，改革开放以后，三江平原地区农业机械化水平不断提高，尽管这一阶段的耕地开垦总量有所降低，却导致了对湿地和草地开垦速率的显著加快。三江平原耕地扩张总量在保持了持续的下降后在2000～2005 年又迎来了新一轮的开发高潮，而此阶段的林地、草地和湿地也均迎来了历史上的最快退化阶段。主要原因在于为了恢复撂荒耕地的生产，先后于 2004 年和 2005 年出台了两个中央一号文件来对农民实行免税和补贴的政策，而为了享受这些优惠政策，农民对林地、草地和湿地资源进行了疯狂的掠夺，造成了这些资源的严重破坏。2005～2010 年，三江平原地区耕地面积基本呈现出稳定的变化趋势，但草地和湿地的退化趋势仍在继续。从图 3-1 中可以看出，当前三江平原地区的土地利用状况为除林地分布在海拔较高的区域以外，其他土地利用方式几乎完全镶嵌在耕地中。

表 3-2　三江平原地区不同时期不同土地利用方式的面积变化速率

土地利用方式	年变化速率/%						
	1954～ 1976 年	1976～ 1986 年	1986～ 1995 年	1995～ 2000 年	2000～ 2005 年	2005～ 2010 年	1954～ 2010 年
耕地	0.048	0.024	0.009	0.010	0.024	0.001	0.044
林地	−0.005	0.003	0.003	−0.011	−0.014	0.012	−0.002
草地	−0.007	−0.009	−0.045	0.004	−0.056	−0.105	−0.016
居民地	0.119	0.021	0.004	0.000	−0.003	0.024	0.076
未利用地	−0.043	−0.045	0.062	−0.053	0.043	0.120	−0.017
湿地	−0.015	−0.031	−0.013	−0.006	−0.038	−0.023	−0.013

2. 湿地生态系统演变过程及速率分析

三江平原湿地生态系统是保护我国生物多样性最需要关注的地区，且在粮食生产、原材料与水资源供给、蓄洪防涝、调节气候、控制土壤侵蚀、畜牧业、旅游业等许多方面发挥着重要功能，具有极高的生产力和经济价值。三江平原湿地生态系统也是受人类活动干扰最强烈的区域，在过去 60 年间，湿地资源经历了持续的减少和退化，并由此引发了三江平原地区一系列生态环境问题，如生物多样性锐减、洪涝灾害频发、环境污染加剧等。

表 3-3 为三江平原地区 1949～2010 年湿地面积的退化情况。从表中可以看出，1949～1954 年是三江平原湿地生态系统演变最剧烈的一个阶段。三江平原由于特殊的地理位置和历史原因，开发较晚。中华人民共和国成立初期，大量移民和转业军人的涌入使得三江平原地区的开发程度剧烈增加，湿地被大面积开垦。短短的 6 年湿地面积就减少了 150.409 万 hm²，平均年退化率达到了 4.7%；1954～1976 年，三江平原湿地面积仍在持续减少，水利工程建设、公路和居民区的修建导致湿地水位不断下降，江河断流造成湿地补水缺失，从而加速了湿地的退化过程。这段时期内，湿地面积共减少了 128.520 万 hm²，退化率低于中华人民共和国成立初期；改革开放以后，随着农业技术的不断进步和农业机械化程度的不断提高，湿地开垦程度得到了进一步加深。

表 3-3　三江平原地区不同年份湿地面积及各阶段面积退化率

年份	面积/万 hm^2	变化量/万 hm^2	退化率/%	年退化率/%
1949	534	—	—	—
1954	383.591	−150.409	28.2	4.7
1976	255.071	−128.520	33.5	1.5
1986	166.740	−88.330	34.6	3.1
1995	145.585	−21.155	12.7	1.3
2000	140.427	−5.159	3.5	0.6
2005	108.787	−31.640	22.5	3.8
2010	93.942	−14.845	13.6	2.3

　　1976～1986 年，湿地退化率再次大幅度提高，年退化率达到了 3.1%；1986 年以后，三江平原湿地退化幅度持续降低，由于机械化程度的提高以及交通的便利，在开发初期不便开发的湿地被开垦，从而造成湿地的退化仍在继续。这段时期湿地退化率的下降主要出于两点原因：一方面，中国在 1992 年加入了《湿地公约》，公约的宗旨是力求通过国家行动与国际合作来保护和合理利用湿地，从而极大地促进了我国的湿地保护行动；另一方面，湿地生态系统的重要性逐渐得到认识，1997 年，随着 Costanza 等在 *Nature* 上文章的发表，世界范围内掀起了自然资产价值评估热潮，而湿地作为全球最具生产力的生态系统，其重要性在国际和国内被反复强调，所具备的各项服务功能也进一步得到决策者和公众的认知。

　　2000 年以后，三江平原再次呈现出了湿地大面积退化的局面，尽管国家、黑龙江省政府在此过程中连续制定和出台了湿地保护的相关决定，如"中国行动保护计划"和《黑龙江省湿地保护条例》《国务院办公厅关于加强湿地保护管理工作的通知》《全国湿地保护工程规划》等，但与此同时，国家为激发农民经营土地积极性，实现增产增收任务，也出台了一系列农业扶持政策。加上湿地资源产权的不明确，湿地资源在农业开发的直接经济利益面前往往居于次要位置，从而使得这一阶段也成为除中华人民共和国成立初期以外，三江平原湿地面积退化最为迅速的历史时期。

　　2005 年以后，三江平原湿地退化的局面仍没有得到扭转，2010 年，湿地总面积仅剩下 93.942 万 hm^2，所占面积已不到平原总面积的 10%。三江平原湿地生态系统已经到了亟待挽救的局面。

　　如图 3-3 所示，1980 年以后，三江平原湿地破碎化现象越发严重，斑块数量不断增加且面积不断下降，曾经连片的大面积湿地到 2010 年几乎已经不复存在，目前三江平原湿地的分布已经完全镶嵌在耕地中。

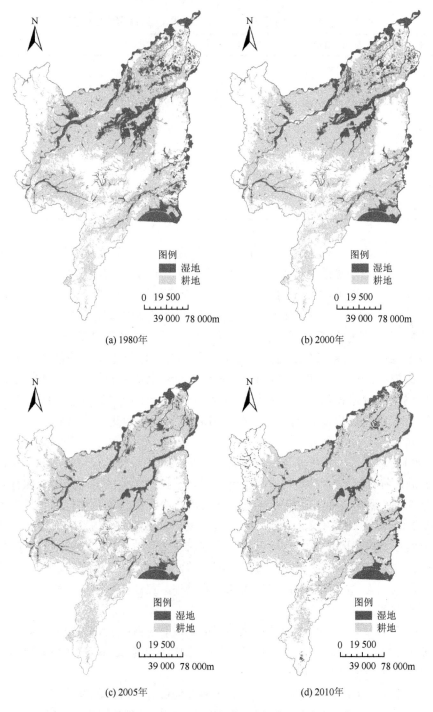

图 3-3　不同年份三江平原地区湿地与耕地的空间分布

第二节　湿地生态系统演变驱动机理分析

生态系统的演变过程是多重驱动力因素共同作用的结果，生态系统服务是伴随着生态系统演变而发生相应变化的，因此深刻把握引发生态系统服务变化的驱动力以及驱动力之间的相互关系，是制定决策措施、提高积极响应的基本条件（MA，2005）。从目前经济合作与发展组织（OECD）提出的世界环境状况评估概念框架的发展过程可以看出，在如今相对完善的"驱动力-压力-状态-影响-响应"评估框架中，驱动力分析已经成为评估环境和可持续发展问题以及相关决策制定的首要问题（Svarstad et al.，2008）。

关于驱动力的探讨，最初只局限于生态系统服务变化的"根本驱动力"研究。20 世纪 70 年代，Ehrlich 和 Holdren 提出的环境影响评价模型（IPAT）即"环境影响状况（I）=人口数量（P）×财富状况（A）×技术水平（T）"开创了多重驱动力以及驱动力之间相互作用关系研究的先河，此后许多学者对这一理论进行了广泛应用，在应用过程中也逐渐发现其存在的明显的局限性（Stern，1998；Waggoner and Ausubel，2002；何强和吕光明，2008）。80 年代初，人口、财富以及技术以外的引发自然生态系统变化的驱动力因素开始引起学术界的广泛关注，特别是驱动力之间的相互作用更作为自然生态系统演变的最根本原因（Barbier，2000）。

从目前的国内外生态系统服务变化驱动力分析相关研究成果中可以发现，土地利用变化、气候变化、环境污染以及外来物种入侵是目前研究中最常识别的直接驱动力（Geist and Lambin，2002；Walther et al.，2002；Parmesan，2006；Metzger et al.，2006）。Vitousek 等（1997）认为人类利用土地的方式不但会改变生态系统的结构和功能，而且会造成自然生态系统与大气、水资源以及周围土地之间相互作用方式的改变，从而引发相应生态系统服务的变化；气候变化会加剧生态系统变化所引发的各种生态问题，同时会影响生物多样性的地理范围和分布的变化，从而改变生态系统结构和功能以及相应的生态系统服务（Parmesan，2006；Staudinger et al.，2012）；Petschel-Held 和 Bohensky（2005）认为，在直接驱动力因子中，气候变化和物种引入的驱动效应较慢，而土地利用变化和环境污染则能够在较短时间内就引发生态系统服务的大幅度变化。

经济增长、人口增长、产业结构变化、科学技术是目前最常识别的间接驱动力，这些驱动力对生态系统服务的影响在一定程度上受体制和社会政治因素的调控（Nelson et al.，2006）。人口与生态系统之间存在复杂的作用关系，人口数量、年龄、受教育水平等许多因素均决定着对生态系统服务的需求程度，而且人口增长还直接作用于土地利用方式的改变，同时影响着科学技术和社会文化等因素的变化（Meyer and Turner，1992）；经济增长因素主要受制度环境和产业结构发展的影响，其分布模式决定了生态系统服务的需求特征；人均收入水平对支付意愿有着根本的影响，以往经济增长与生态系统服务保护作为互相矛盾的双方，但近期的一些保护与发展项目的实施证明了经济增长与生态系统服务保护之间可以达到双赢的局面（Tallis et al.，2008）。

我国生态系统服务演变的驱动力研究主要是从自然驱动力和人为驱动力两方面来进行识别的。其中自然驱动力主要从温度和降水量两方面的变化来进行分析，而人为驱动力的研究主要从人口、经济、土地利用变化、环境污染、水利工程建设、政策制度等方面来进行（钟良平等，2004；刘晓辉和吕宪国，2009；马春等，2011；许吉仁和董霁红，2013）。学者认为，自然因素对生态系统服务的影响是一个长期缓慢的过程，自然驱动力的变化一般都需要一个长期的时滞才能体现在生态系统服务的显著变化层面上，而人为驱动力对生态系统服务的影响则一般具有即时效应的特点，在一个相对短期的时间尺度上，人为驱动力效应要明显强于自然驱动力效应（刘影和彭薇，2003；高龙华，2006）。

驱动力之间多以协同的方式产生相互作用（Geist and Lambin，2002），这种相互作用包括在某一段时间里一种驱动力对另一种驱动力起支配作用，或者几种驱动力因子共同作用，或者组合成因果关系链等（MA，2005）。生态系统产生的任何一种变化都是多种驱动力相互作用的结果，此外生态系统变化也会反馈作用于驱动力的改变，如改变的土地利用方式可能创造出新的机会成本或其他方面的约束，这可能诱发制度上作出相应的调整，由此则可能导致新的自然资本、服务供应以及收入分配等多方面的变化（Nelson et al.，2006）。

一、自然驱动力及其影响

（一）气候因素

气候变化是控制生态系统演变的最根本动力因素，气候变化对自然生态系统的物质循环、能量流动、生物多样性以及时空分布有着重要影响。气候变化会引起自然景观格局的变化，且具有明显的累积效应，反过来，自然生态系统的退化也会反馈作用于气候因素的改变，加快气候变化速率。

全球气候变暖是工业革命以来全球环境变化的最显著特征之一。化石燃料的燃烧、森林的大面积砍伐、土地利用方式的改变是温室气体含量不断上升的最主要原因，并由此引发了海平面上升、洪水、干旱、风暴等自然灾害。海岸带、滨海湿地、红树林、珊瑚礁、高山生态系统等受全球气候变暖的影响尤为严重，而生态系统结构和功能的破坏、冰川融化、湖泊水位下降、湿地面积萎缩、森林植被分布变化、生物多样性减少则是气候变暖的最直接表现。

全球气候变化严重威胁着人类的健康和生存环境。气候变暖不但会通过增加传播性疾病的发病率、扩大疾病感染的分布地区、产生新的病原体等方式危害人类健康，而且容易造成环境污染、水土流失加剧、土壤肥力下降、能源结构改变，影响工农业生产以及人民的日常生活。

（二）水文因素

水文条件主要包括降水量、蒸发量、地表径流量、地下径流量、渗漏量、泥沙量等要素。水文条件对水质、水生生物资源、自然生态系统功能有着重要影响。以湿地生态系统为例，水质方面，上游经济活动产生的工业废水、生活污水随着地表径流排入湿地水体，会增加湿地生态系统的污染负荷；农业生产使用的化肥、动物产生的粪便进入水体，会造成湿地水体的富营养化等，并且污染物浓度会随着丰水期、平水期、枯水期的不同而不同，因此会影响湿地生态系统的调节功能；水生生物资源方面，湿地生态系统的水资源充足，地表径流中大量的有机质与营养盐类流入湿地，会改善湿地土壤的营养条件、增加含氧量，为水生生物提供良好的栖息条件，而如果地表径流量大幅度削减，就会严重影响水生动植物的生产以及渔业生产等活动。

另外，洪涝灾害是水文条件改变与人类活动相互作用产生的直接后果，通常是由气候的季节性变化、植被破坏、围湖造田等原因引起的地表径流不能被河道容纳、江河水位陡增，引发河口决堤、人员伤亡、财产损失、城镇和农田被淹没、社会失稳、资源破坏的事件。洪涝灾害的发生也会极大程度地改变自然生态系统的结构和功能，在我国，洪涝灾害发生频率高、影响范围广，每年都会对社会经济的正常运行和人民生命财产安全构成严重威胁。

（三）地质地貌因素

地质地貌条件影响着自然生态系统的分布以及土地利用的程度和方式，是城市生存环境存在与稳定的基本因素，是城市化建设的基础。地质地貌因素不仅影响宏观气候，而且影响局部温度、降水和风速等小气候的形成，通常表现为，海拔越高气温越低，山体阳坡温度高于阴坡，就同一山体而言山腰降水量最多等；地形地貌因素影响河流流向、流域面积和水系形状，如盆地多为向心状水系，平原多为树枝状水系，山区河流流速较快，平原河流流速较缓等；地形地貌因素还影响植被分布、土壤条件和地质灾害等，如山地、丘陵地区易于发生水土流失，导致土壤肥力下降，而平原地区泥沙会逐渐沉积，有利于土壤肥力的保持等。

二、人为驱动力及其影响

（一）经济因素

经济驱动力对自然生态系统的影响从宏观层面看表现为经济系统与生态环境系统之间的发展关系。以往的经济发展以高投入、高消耗、高排放、高产出为特点，由此带来了诸多的生态环境问题，因此不符合社会需求的目标均衡。

经济发展水平决定了生态系统服务的需求特征。经济发展速度、经济结构、人均收入水平等是经济驱动力的重要指标，了解这些指标的变化过程有助于对不同地区的土地利用演变、自然资源开发、环境污染、生物多样性变化等方面信息的掌握。

真实财富积累是全世界共同追求的目标，而基本的物质条件所带来的安全感和舒适感更是人类发展的必需品。然而，从当前全球的经济发展轨迹来看，绝大部分人们的主观幸福感并没有随着收入、消费水平的提高而同步改善。扩大消费引发了新的消费欲望，对更高水平居住条件的要求、汽车数量的激增等均对自然生态系统造成了破坏。降低经济因素对自然生态系统的破坏需要人们调整消费行为、供应商调整产品质量，以可持续的方式处理经济与环境之间的关系。

（二）人口因素

人口因素是生态系统演变的直接驱动力因子，人类需要生存空间，需要从自然生态系统中获取物质基础。人口的快速增长会对自然环境产生严重影响，也会降低人均资源占有量。这些问题在一些发展中国家和贫困国家尤为突出，如印度、肯尼亚等。因此对于这些国家，从社会心理学理论角度来看，人口增长率的降低将提高人均生活标准。

机制体制因素也是人口驱动力因子的重要组成部分。长期以来，诸多经济体制和结构都将经济增长作为社会发展的最主要目标。短期的经济增长凌驾于长期的环境质量与承载力之上。然而，来自自然界的反馈最终成为社会经济可持续发展的最大阻碍。特别是在一些工业化国家和地区，经济发展模式向环境可持续方向的转变需要以人类福祉最大化为导向的机制体制的建立。生态可持续的发展需要将经济发展目标转变到人民生活水平的提高上，减少自然资源的消耗，因此需要多方的共同讨论与配合，争取处理好不同利益相关者之间的关系。

（三）技术因素

当前人们使用的技术装备、交通运输工具等仍然在材料使用效率、能源节约、污染物减排、环境噪声等方面存在着极大的进步空间，研发投资比、新技术采用率、信息获取与传播状况都会对自然生态系统的演变过程产生深远影响。科学技术的进步并不一定能够缓解社会经济发展与自然生态系统之间的矛盾，有时也会增加自然环境负担，即"反弹效应"。

技术的进步和革新取决于人们处理环境效率与生态技术之间关系的态度，归根结底，这需要建立在以社会福祉最大化为导向的机制上。新技术的推广过程可能会遭到无法预见的抵抗，互联网的使用可能带来两极分化的效果，所以决策者需要综合来自各个方面的信息，正确处理好技术开发、商业化、市场竞争等方面与发展意愿、环境约束等方面的关系。

（四）文化因素

文化方面的驱动力因子主要源自社会信念、价值观、准则、制度等方面，文化驱动力因子影响着人们与技术进步、经济生产、消费观念之间相互作用关系，影响着社会经济体制对于基本消费品和服务的需求与供给。当今社会，物质占有以及消费能够凸显人们的身份、成功、权力，因此长期以来人类社会都没有足够重视环境因子对自身福祉的影响。然而，如果一些不可持续的文化观念能够及时扭转，自然生态系统就能够维持在一个文化可持续的"度"中，同时还会与自然生态系统形成良性互动。依托于地方文化、民族文化、历史风情等发展起来的以当地自然资源为基础的经济活动、组织结构、发展理念就是文化因素与生态系统服务社会福祉效应之间的代表性成果。

三、三江平原湿地生态系统演变驱动机理及影响测度

（一）驱动力因素识别

三江平原湿地生态系统的演变过程是多重驱动力共同作用下的结果，对影响湿地生态系统演变的驱动力进行分析，是湿地生态系统服务干预措施制定、

提高积极响应的基本前提，也是将消极影响降到最低的基本条件。本部分从自然驱动力和人为驱动力两方面对影响三江平原湿地生态系统演变的驱动力进行分析，从定性识别的角度来确定各驱动力因素变化对湿地生态系统演变可能产生的影响。

1. 自然驱动力

1）气温变化

在全球气候变暖的大背景下，三江平原地区近 60 年来的气温也呈现出了明显的升高趋势，升温速率大约为 0.26℃/10a。此升温速率要高于我国平均气温的升高速率（1951～2010 年中国平均气温整体升高速率为 0.22℃/10a）（尹晓梅，2013）。1951～2010 年，三江平原地区的平均气温为 3.42℃，气温年际变化幅度较大，温度最高值出现在 2007 年，为 4.63℃，最低值出现在 1969 年，为 1.36℃（闫敏华等，2005）。

如图 3-4 所示，三江平原的升温趋势在 1990 年前后开始变得显著，1988 年后的 23 年，年平均气温为 3.75℃，高出基准期（1960～1990 年气温均值为 2.96℃）0.79℃，其中有 22 年的平均气温都在基准期均值以上（除 2009 年以外），而且 1951～2010 年近 60 年间的最暖的十年都出现在 1988 年以后。

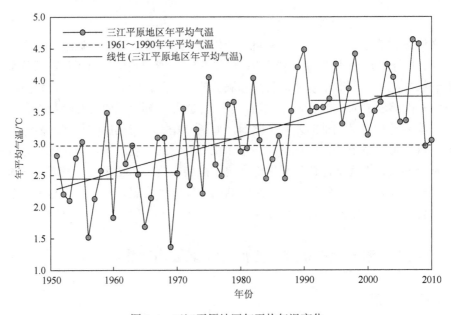

图 3-4　三江平原地区年平均气温变化

表 3-4 为三江平原地区平均气温的逐年代距平分析结果，各年代距平结果也

证明了三江平原地区所呈现出的明显升温趋势。其中 20 世纪 50～60 年代的平均温度均低于基准期均值，而 2001～2010 年的平均气温升高幅度最大，平均气温高出了基准期均值 0.77℃（付长超等，2009）。

表 3-4　三江平原地区平均气温逐年代距平

年份	距平/℃
1951～1960	−0.5241
1961～1970	−0.4269
1971～1980	0.0984
1981～1990	0.3286
1991～2000	0.7094
2001～2010	0.7694

2）降水量变化

三江平原地属温带湿润半湿润季风气候区，受东南季风、海陆分布和复杂地形等因素的影响，全年 83%的降水量集中在夏秋季，年均降水量在 550mm 左右，年变化率小于 20%。1951～2010 年三江平原多年年降水量呈现出明显的周期性变化，但总体上呈现出微弱的减少趋势，下降速率大约为 13mm/10a（栾兆擎等，2007；尹晓梅，2013）。近 60 年的年降水量均值为 557.25mm，最高值出现在 1994 年，为 764.25mm，最低值出现在 1999 年，为 384.79mm，如图 3-5 所示。

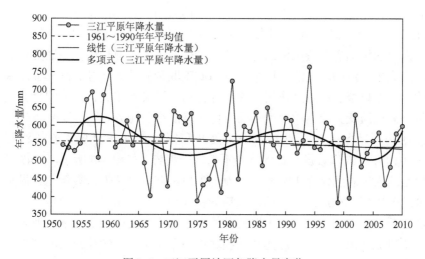

图 3-5　三江平原地区年降水量变化

表 3-5 为三江平原地区降水量逐年代距平百分率分析结果。从表中可以看出，三江平原地区 20 世纪 50 年代的降水量较为丰富，60 年代和 70 年代均呈现下降趋势，其中 70 年代为年降水量最低时期；80 年代为多降水时期，90 年代以后降水量又开始逐渐减少，并再次呈现出持续下降趋势。近 60 年的降水量统计结果表明，三江平原地区降水量最多和最少的两个极端年份都出现在 1990～2010 年，这表明近年来三江平原地区年降水量的变化幅度较大。

表 3-5　三江平原地区平均降水量逐年代距平百分率

年份	距平百分率/%
1951～1960	9.4897
1961～1970	−0.9651
1971～1980	−3.8163
1981～1990	2.5487
1991～2000	−1.6370
2001～2010	−2.7231

2. 人为驱动力

1）人口变化

人口增长是生态系统发生演变的主要驱动力因子之一。就自然资源而言，资源消耗量＝人口×人均消耗量，因此，即使人均消耗量在一定时期内保持不变的情况下，人口的增加也会造成资源消耗总量的提高。人口增长还会促进更高的消费需求，造成生产活动对能源、原材料等物质索取量的扩大，进而引发生态系统演变。此外，人口增长还直接作用于如能源使用、污染物排放、土地利用变化等一系列生态系统演变直接驱动力因子的变化（陈劭锋，2009）。

三江平原地区人口总量自中华人民共和国成立以来便发生了剧烈变化。1949～2010 年，人口数量一直保持着不断增长趋势。如图 3-6 所示，1949 年，三江平原地区人口总量仅为 139.9 万人，而到 2010 年，全区人口数量已经显著增加到了 865.9 万人，增加了 5.19 倍。人口的快速增长造成了三江平原地区人均土地面积的不断减少，加上人口对土地资源的需求的不断提高，三江平原地区人地之间的矛盾日益突出，自然资源尤其是湿地生态系统所承受的社会发展带来的压力不断加大，三江平原湿地生态系统的开垦步伐不断加快。

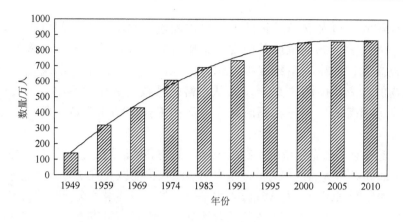

图 3-6　三江平原地区人口总量变化

年龄结构是人口驱动力因子的重要组成部分，尤其是人口的老龄化程度会对社会的产业结构、消费模式、劳动力以及就业情况形成重要影响，而这些因素的变化也都会引发生态系统的演变。同时人口的老龄化会在很大程度上影响地区人地系统的脆弱性和适应能力（李文星等，2008）。据统计资料显示，2005 年三江平原地区就已经步入了老龄化社会（65 岁以上人口数量占总人口数量的 7%以上），而近年来该地区 65 岁以上人口所占比例仍在逐年增加。人口老龄化程度的加剧会破坏自然资源代际分配的平衡性，这是因为老龄化人口对于资源分配往往持消极转移的态度，即不考虑自然资源的可持续利用，只考虑当代人需求的满足，片面地追求经济效益的最大化，而忽略自然生态系统的社会效益以及生态效益（陈基湘和姜学民，1998）。

2）经济发展

经济增长是生态系统演变的又一主要驱动力因子。三江平原地区的社会经济是在湿地生态系统开发的基础上发展起来的，这其中便包括数次的大规模农业开发。由于在以往的开发过程中没有清楚地认识到湿地生态系统的重要性，在面对能够带来更为直接的经济效益的农业生产时，湿地资源的保护工作均退居于次要位置。另外，农业开发过程中的大面积毁林开荒、排水疏干还会造成湿地水位的不断下降，由此导致的江河断流、补水缺乏等后果同样会加快湿地生态系统的退化速度。

经济增长也是促进如人均收入、能源利用、污染物排放、技术进步等一些推动湿地生态系统演变间接驱动力发展的重要因素。三江平原的经济总量近年来实现了快速增长，如图 3-7 和图 3-8 所示，1987～2010 年，三江平原地区的 GDP 总量以平均每年 15.86%的速率增长，经济总量从 1987 年的 73.86 亿元快速增长到 2010 年的 2067.32 亿元。在经济快速发展的带动下，农村居民的人均纯收入以及城镇居民的人均可支配收入均实现了大幅度提高。收入水平对于人们的生态系统服务的支付意愿有着根本性的影响，收入的增加能够显著提高人们的生态系统保护意识。另外，人均收入的不断增加也引起了消费结构的改变，如图 3-9 所示，从恩格尔系数的变化过程中可以看出，人们用于食品消费的比例正在不断减少，而在工业产品和服务上的消费比例在逐渐增加。

经济增长对于生态系统保护有着积极的影响。经济增长会促进环保投入的增加，能够加大对环境的治理力度，是自然资源保护的巨大推动力。这也正如环境库兹涅茨曲线所强调的，在人均收入水平较低时，经济增长会伴随着自然资源的过度消耗和环境破坏，而随着人均收入达到某一水平，经济增长对环境的破坏便会跨过拐点，不断促进环境质量的提高。

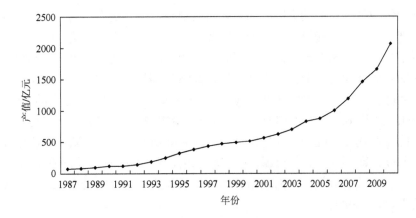

图 3-7　三江平原地区 GDP 变化

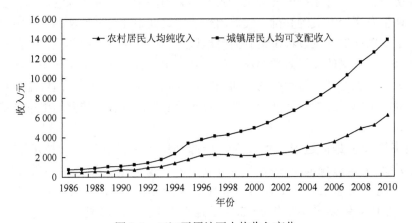

图 3-8　三江平原地区人均收入变化

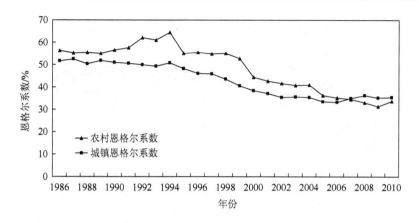

图 3-9　三江平原地区恩格尔系数变化

　　产业结构变化是经济驱动力因子的重要组成因素，它是伴随着经济发展过程出现的必然结果。产业结构比例能够有效反映出地区经济的发展活力以及经济发展过程中存在的主要问题（彭建等，2005）。如图 3-10～图 3-12 所示，三江平原地区产业结构变化趋势并不显著，1987～2011 年，三江平原地区 5 个地级市的产业结构几乎都经历了相同的变化过程，三次产业结构的平均比例大约为 24∶44∶32。产业结构的变化趋势表明，目前三江平原地区的 GDP 产出仍以第一、第二产业拉动为主，而第三产业的所占比例则明显偏低。三江平原地区是我国重要商品粮基地，第一产业在地区的经济发展过程中一直都扮演着重要角色，但由于以往的农业生产是在湿地开垦的基础上发展起来的，所以农业的发展变化对湿地生态系统的演变具有根本性的影响。另外，三江平原地区的工业发展水平不高，由于目前该地区工业以能源消耗、资源依赖型工业为主，也构成了湿地生态系统退化的潜在威胁。第一、第二产业所占比例过大也在客观上对土地、能源、原材料等要素的输入提出了更高要求，而以往这些要素基本是从湿地生态系统中索取的。近年来三江平原地区第三产业，尤其是在 2008 年以后，开始呈现下降的发展趋势，这表明三江平原地区的第三产业的发展活力仍然不足，还不能从更广阔的领域为第一、第二产业的发展创造有利条件，不但证明了三江平原地区发展对自然资源的过度依赖，而且说明该地区的社会经济生活内容丰富程度不高，由此导致第三产业吸收就业人数、创造价值的能力较为薄弱的局面。

　　3）技术进步
　　技术变化对生态系统演变产生的影响在内主要改变的是生产过程中输入与输出之间的相互作用，在外则主要体现在对生态系统的利用效率上。本书主要从三江平原地区农业技术方面可能对湿地生态系统演变产生的影响进行考量。单位面积粮食产量是农业技术水平的一项主要指标，单位面积粮食产量的

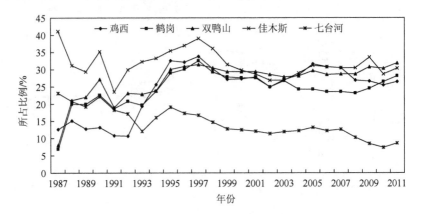

图 3-10 三江平原地区第一产业比例变化

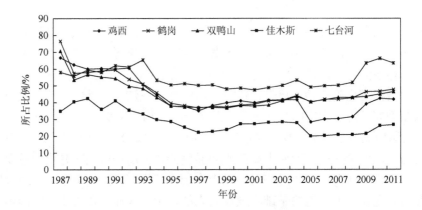

图 3-11 三江平原地区第二产业比例变化

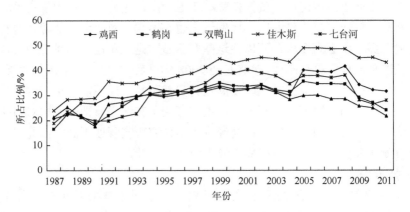

图 3-12 三江平原地区第三产业比例变化

提高能够说明生产等量粮食所需的耕地面积在减小，客观上也就能够降低对湿地生态系统的开发程度（韦鸿，2011）。另外，农业机械化水平也能够在一定程度上表明农业技术的变化情况，能够反映出机器装备在农业中的使用程度、作用大小和使用效果，因此直接影响农业生产效率。如图 3-13 和图 3-14 所示，三江平原上述这两项指标的变化均呈上升趋势，其中单位面积粮食产量的波动幅度较大。

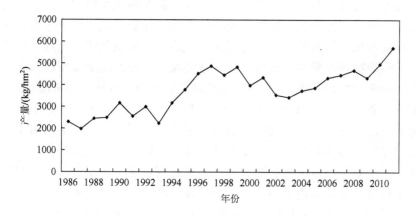

图 3-13　三江平原地区单位面积粮食产量变化

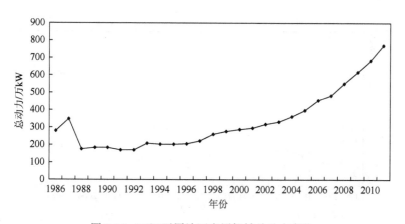

图 3-14　三江平原地区农用机械总动力变化

4）土地利用变化

三江平原的土地利用变化是在农业开发的背景下逐渐演变的。湿地生态系统也正是在此过程中不断退化的。一般情况下，土地利用变化是政策制度实施后的直接反映，因此能够体现一段时期内一个地区的政策倾向。从以往三江平原湿地生态系统演变过程中可以看出，湿地在某一阶段的变化能够凸显出在特定的历史条件下，该地区的农业发展主要依赖于国家的政策支持，而在湿地生态系统保护方面的法律法规则相对缺失，且湿地生态系统的管理体制十分复杂，存在着行业分散、政出多门、湿地产权不明确的现象，因此导致无序开发和无偿索取对湿地资源的破坏。三江平原的土地利用变化过程在前面已经阐述过，在此便不再赘述。

5) 环境污染

环境污染是生态系统在短时期内快速发生演变的主要驱动力因素之一，而水体的污染则可直接导致湿地生态系统的退化。随着三江平原地区农业的飞速发展以及城市化进程的推进，工业废水、生活污水以及化肥、农药等所携带的多种化学污染物被不断加载到水体中，造成湿地生态系统土壤物理黏度减小、浸湿能力降低、吸附能力减弱、污染物降解能力下降等多种生态功能的变化（曲环，2007）。据《2012 中国环境状况公报》显示，目前松花江、穆棱河、梧桐河、挠力河等三江平原地区的主要河流各监测断面的水质基本以IV类水为主，超标污染物则以有机污染物为主，主要包括总氮、总磷、粪大肠菌群等。氮、磷等污染物主要来源于该地区化肥和农药的大量使用，水体中氮、磷含量超标容易引起水体富营养化，从而影响湿地生物多样性变化以及地表水、地下水和土壤环境的改变，加速湿地生态系统的退化。图 3-15 为 1986～2010 年三江平原地区化肥施用量变化。

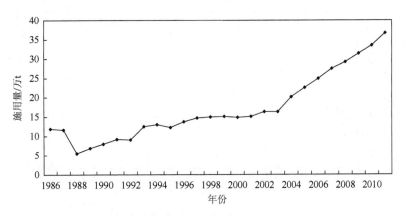

图 3-15 三江平原地区化肥施用量变化

（二）驱动力影响测度

1. 驱动力指标及测度模型选取

1) 驱动力评价指标

本书选取三江平原 13 个上述主要驱动力因子的代表性指标，并依据以往国内外相关研究结果提出相应理论假设，通过对驱动力指标影响的测度来审视三江平原各驱动力因子对湿地生态系统演变的影响程度以及不同于以往国内外相关研究的区域特点。具体指标选取情况如表 3-6 所示。

表 3-6　三江平原湿地生态系统演变驱动力因子指标

	自然驱动力	气候因素	气温（X_1）、降水量（X_2）
驱动力	人为驱动力	人口因素	人口总量（X_3）、城市化率（X_4）
		经济因素	GDP（X_5）、第二产业比例（X_6）、第三产业比例（X_7）、农村居民人均纯收入（X_8）
		技术因素	农用机械总动力（X_9）、单位面积粮食产量（X_{10}）
		土地利用变化	耕地面积（X_{11}）、居民地面积（X_{12}）
		环境污染	化肥施用量（X_{13}）

假设一：气候因素的变化如气温的升高和降水量的减少均会引发湿地生态系统的退化（闫敏华等，2001）。其中气温升高会导致湿地水体蒸发量的增加，降水量减少则会导致空气湿度的降低和湿地补水量的减少，小气候环境趋干会直接导致湿地生态系统的破坏（王毅勇等，2003）。

假设二：人口因素中各指标的上升变化趋势会加重湿地生态系统的退化。人口总量的增加和城市化率的上升客观上均会增加对耕地与居民地的需求，因此会对湿地生态系统构成威胁，湿地退化的可能性增大。

假设三：经济因素对湿地生态系统的演变可能存在两方面影响。一方面，经济发展需要从湿地生态系统中索取资源，因此在经济发展初期，湿地资源的退化可能会出现不断增长的趋势，这也是许多发展中国家正面临的局面；另一方面，随着经济总量的进一步增长，经济因素导致的湿地生态系统退化将会跨过拐点，随后将呈现逐渐恢复的局面，这一点也验证了环境库兹涅茨曲线理论（陈华文和刘康兵，2004）。

假设四：技术因素的变化对湿地生态系统的保护和恢复同样具有两方面的影响。一方面，农业技术的提高会加大农业开发力度，使开荒范围延伸到发展初期无法企及的区域；另一方面，农用机械总动力和单位面积粮食产量的提高会减少生产等量粮食所需的耕地面积，这种情况下则会缓和耕地与湿地生态系统之间的冲突（Nelson et al.，2005）。

假设五：土地利用变化中耕地面积和居民地面积的拓展均会引发湿地生态系

统的退化，另外，土地利用的变化往往是政策制度的直接反映，因此也能在一定程度上反映法规政策对湿地生态系统演变的影响（孙志高等，2006）。

假设六：环境污染会直接导致湿地生态系统的退化。农业发展使用的大量化肥农药会导致含 N、P 等元素的污染物质的大量排放或流失，从而造成土壤和水体污染，加速湿地生态系统退化（孔红梅等，2002）。

2）Tobit 模型

Tobit 模型是用来研究被解释变量存在极值或受限制情况的一种计量模型（周华林和李雪松，2012）。它是由 Tobin 在 1958 年提出的，由于这种模型主要用来研究在某些选择行为条件下，连续变量如何发生相应变化的问题，所以在现实生活中的工资、教育、保险、工厂选址等方面有着广泛的应用。

Tobit 模型的一般形式为

$$Y_i = \begin{cases} \beta X_i + \sigma e_i, & \beta X_i + \sigma e_i > 0 \\ 0, & \beta X_i + \sigma e_i \leqslant 0 \end{cases} \tag{3-1}$$

其中，X_i 为影响 Y_i 变化的各解释变量；β 为各解释变量的待估参数；e_i 为随机变量矩阵；σ 为随机变量参数。Tobit 模型的重要特征是，解释变量 X_i 是可观测的，而对于 Y_i 的观测是受限制的，当 $Y_i > 0$ 时，取观测值，当 $Y_i \leqslant 0$ 时，取 $Y_i = 0$，此时称 Y_i 受限制（林少宫，2003）。

在本书中，Y_i 为三江平原湿地面积，X_i 为影响湿地生态系统演变的各驱动力因子，Tobit 模型的含义是当三江平原湿地生态系统面积发生变化时，取 $Y_i = \beta X_i + \sigma e_i$，而如果湿地面积变化为 0，则取 $Y_i = 0$，此时称 Y_i 受限制。观察以往三江平原湿地生态系统演变过程可知，三江平原的湿地面积一直处于持续的减少中，因此本书将湿地面积作为研究对象，通过 Tobit 模型来确定各驱动力因子对湿地退化的影响程度。

2. 驱动力影响测度结果分析

利用上述 Tobit 模型对各驱动力因素的影响进行模拟，模拟结果如表 3-7 所示。从表中可以看出，模型的模拟结果较好，在全部 13 个驱动力因素中有 11 个因子对三江平原湿地生态系统的演变过程影响显著，其中引发湿地面积萎缩的驱动力因子有气温、降水量、人口总量、城市化率、农村居民人均纯收入、耕地面积和居民地面积；有利于湿地生态系统保护及恢复的驱动力因素有 GDP、第二产业比例、第三产业比例和单位面积粮食产量；技术因素中的农用机械总动力以及环境污染指标化肥施用量对湿地生态系统演变的影响不显著。下面分别对各驱动力因素影响结果进行解释。

表 3-7 三江平原湿地生态系统退化驱动力影响模拟结果

变量	系数	标准误差	概率
气温	−0.148*	0.274	0.059
降水量	−0.001*	0.002	0.071
人口总量	−0.058***	0.012	0.001
城市化率	−0.096**	0.261	0.010
GDP	0.013*	0.007	0.079
第二产业比例	0.306***	0.100	0.002
第三产业比例	0.301***	0.111	0.007
农村居民人均纯收入	−0.002**	0.002	0.043
农用机械总动力	0.006	0.007	0.411
单位面积粮食产量	0.002***	0.001	0.005
耕地面积	−0.428***	0.025	0.007
居民地面积	−0.276***	0.599	0.001
化肥施用量	-1.58×10^{-5}	0.000	0.292
C	394.783***	23.364	0.005

***、**、*分别表示 1%、5%、10%的统计显著性水平

气候因素中气温和降水量的变化会导致湿地面积的减少，结果与理论假设一致，说明三江平原地区气温的上升趋势和降水量的下降趋势会加速湿地的萎缩过程，从影响系数来看，气温对湿地生态系统演变的影响系数较大，而降水量的影响系数则是所有驱动力影响系数中的最小值。

人口因素中人口总量和城市化率与湿地面积之间均呈现负相关关系，这与理论假设一致。人口总量的不断增长客观上需要更多的耕地和居民地来予以支撑，这会直接加重土地利用过程中耕地和居民地的开发与湿地生态系统之间的冲突。而从土地利用变化的模拟结果中也可以看出，耕地面积和居民地面积的增加均会对湿地面积的减少产生显著影响，其中耕地面积的不断增加是湿地面积不断减少的最主要原因。

经济因素中 GDP、第二产业比例和第三产业比例的变化均有利于湿地生态系统的保护及恢复，这样的结果验证了经济因素理论假设中的第二点。GDP 的影响说明，三江平原地区目前的经济发展对湿地资源的破坏可能已经跨过了拐点，未来的经济发展不再需要在湿地开垦的基础上进行，GDP 的进一步增长将有利于湿地生态系统的恢复与保护；第二产业比例和第三产业比例的增加对湿地生态系统恢复所起到的积极促进作用意味着三江平原地区应继续加快产业结构的调整和升

级步伐，尽快降低工农业发展对湿地资源的依赖程度，提高服务业对经济发展的支撑。从影响系数来看，第二产业比例和第三产业比例在所有有利于湿地生态系统保护的驱动力因素中影响系数最大，说明转变经济发展方式将对扭转湿地面积不断萎缩的局面具有重要意义。此外，农村居民人均纯收入的提高与上述三个指标的影响作用相反，这说明，以往建立在湿地生态系统开发基础上的农业生产可能仍是农村居民收入的最主要来源，而如果劳动密集型产业和第三产业不能充分容纳大量劳动力，那么农业吸收的劳动力过剩势必影响先进农业技术的发展，湿地生态系统承受的压力也就难以缓解。

技术因素中农用机械总动力对三江平原湿地生态系统演变的影响并不显著，而单位面积粮食产量的影响虽显著，但影响系数较低。理论假设中关于农用机械总动力的预期结果没有得到验证，这说明，农业技术的进步还没有在湿地生态系统保护与恢复方面发挥作用。改造中低产田，大力发展现代农业技术，调整农业结构，集约化经营现有耕地，把粮食产量的提高重点放在农业转型上应是三江平原未来农业发展的主要方向，以保证"退耕还湿"的顺利进行。

环境污染指标化肥施用量的影响结果没有验证理论假设，虽然其与湿地的演变过程负相关，但影响并不显著。此结果应引起一定程度的重视，当前三江平原地区的化肥农药使用量正在逐年上升，而利用率却普遍偏低，今后如果不对化肥农药的面源污染进行有效控制，将直接导致污染物质的大量流失，由此造成的湿地土壤和水体污染也必然会对湿地生态系统的保护及恢复构成阻碍。

应用 Tobit 模型进行的各驱动力因素对三江平原湿地生态系统退化的影响模拟从定量的角度对各因素的影响程度进行了测量，结果能够较为直观地反映各驱动力因子的作用方向和强度，因此可以将模拟结果作为今后湿地生态系统保护与恢复干预措施制定的切入点，从而有助于提高各方面的积极响应。

3. 驱动力影响下的湿地面积预测

三江平原湿地生态系统的剧烈退化引发了一系列生态环境问题，驱动力作用下的面积预测有助于了解湿地生态系统的响应机制，对未来的发展模式能够起到环境预警作用。未来三江平原地区湿地环境监测和相关规划的制定也可以应用此研究模型与数据作为指导，也可将此研究结果作为有关部门进行湿地景观管理的科学依据。

1）BP 神经网络

BP 神经网络是一种模仿人脑神经元对外部激励信号的反应过程，通过信号的正向传播和误差的反向调节来不断调整网络权重与阈值，从而实现对非线性信息学习的多层前馈网络。BP 神经网络由输入层、隐含层和输出层组成，具有非线性映射、环境自适应、并行协同处理、较强的泛化和容错功能等特点，在预测、聚类和评价等方面有着十分广泛的应用（李萍等，2008）。

三江平原湿地生态系统演变的驱动力因素较多，各驱动力因素与湿地之间的关系也较为复杂，且呈非线性，为此 BP 神经网络能够很好地解释两者的映射关系，因此可以通过这种关系来对未来的湿地面积进行预测。本书在应用 Tobit 模型对各驱动力因子影响分析的基础上，选取 1986~2010 年对湿地生态系统演变过程具有显著影响的各驱动力因子作为 BP 神经网络模型的输入神经元，将三江平原湿地面积作为输出神经元，采用节点数逐步增加法确定隐含层节点数，从而确定 BP 神经网络的拓扑结构（戚德虎和康继昌，1998）。将 1986 年、1995 年、2000 年、2005 年和 2010 年三江平原湿地面积作为检验样本来监测训练过程中是否出现过拟合以及网络的泛化能力，并通过观测到的三江平原地区 2011 年和 2012 年的社会经济数据来对湿地面积进行预测。

2）预测结果分析

基于以上分析可知，三江平原湿地生态系统的演变并不是单因素作用下得到的结果，而是必须综合考虑各驱动力组分的综合影响。本书选取上述对三江平原湿地生态系统演变具有显著性影响的 11 个驱动力因素指标作为 BP 神经网络预测模型构建的输入层，将湿地面积作为输出层，训练速率和动态参数分别设定为 0.1 和 0.6，允许误差 0.0001，最大迭代次数 1000 次，并应用逐步增加法最终确定构建 11-8-1 的网络结构模型，以 1986~2010 年的各指标观测值作为训练样本，同时选取 1986 年、1995 年、2000 年、2005 年和 2010 年的湿地面积作为检验样本，然后对 2011 年和 2012 年三江平原湿地生态系统面积进行预测。另外，在进行 BP 神经网络训练前对各指标观测值进行了数据标准化。最终得到的训练样本拟合残差为 0.000 102 5，检验样本拟合残差为 0.000 099，说明网络模型具有较高的检验和预测精度，可以为相关决策制定提供参考依据。具体的检验及预测结果如表 3-8 所示。

表 3-8　BP 神经网络湿地面积检验及预测结果

年份	湿地面积/万 hm²		误差/%
	真实值	预测值	
1986	166.74	165.039	1.020
1995	145.585	145.723	0.095
2000	140.427	139.725	0.500
2005	108.787	108.595	0.176
2010	96.074	98.347	2.366
2011	—	98.531	—
2012	—	98.379	—

　　BP 神经网络模型的预测结果表明，湿地面积的平均预测误差为 0.831%，而在此预测精度下预测得到的 2011 年和 2012 年三江平原湿地面积分别为 98.531 万 hm^2 和 98.379 万 hm^2，相对于 2010 年的真实值或预测值，均有微小幅度的增加。此结果表明，在当前三江平原地区的社会经济发展模式下，未来湿地生态系统的演变将呈现出逐渐恢复的态势。

　　湿地面积的预测有助于提高对湿地生态系统的动态监测，填补目前我国对湿地资源进行全面、连续、系统监测的空白，强化对湿地生态系统的动态把握。BP 神经网络的建立能够用来捕捉三江平原湿地生态系统的一般变化趋势，并且预测未来的发展变化情况，但这种方法应用的前提是需要对湿地生态系统演变驱动力因子进行清晰的识别，这样才能够保证此方法的预测能力和适用范围。

第四章 湿地生态系统服务的社会福祉效应

第一节 供给服务的社会福祉效应

一、湿地生态系统服务——供给服务

供给服务是指人类从生态系统中获得的各种产品。就湿地生态系统而言，人类从中获得的产品主要包括食物、原材料、药用资源、水资源、遗传资源等。湿地生态系统为食物提供理想的生长环境，从湿地生态系统中收获的食物一般包括鱼类和野生食材，如野生稻、蓝莓等；从湿地生态系统中获得的原材料一般包括建筑材料和燃料两大类，如木材、生物燃料、棕榈油等；药用资源主要指从湿地生物多样性中获得的用于传统医学和制药工业生产与发展的原材料；湿地生态系统水资源供给在区域水循环、水文调节、水质净化、农业生产等方面发挥着至关重要的作用，特别是对可利用水资源的影响，对区域的用水安全、粮食安全的保障作用更是无法替代；遗传资源通常指用于湿地生态系统动植物繁衍和生物技术发展的基因与遗传信息。

湿地生态系统提供的供给服务作为经济活动直接表现为渔业生产、粮食生产、原材料生产等。在许多滨海湿地和河口湿地地区，湿地植被是重要的畜禽养殖所需的饲料原材料。在一些国家和地区，基于湿地生态系统提供的多种原材料，衍生出的商业性捕鱼、特产加工、化妆品加工等为当地人们提供了多种就业机会。另外，在湿地生态系统的保护与恢复方面同样产生了部分就业岗位，如湿地勘察员、护林员等。

二、供给服务对社会福祉的影响

湿地拥有"生物超市"的美称，其具备的多水条件和拥有的高植物生产力能够吸引众多的动物物种，并为这些物种实现其生命循环提供生存环境（Mitsch and Gosselink, 1993）。湿地生物多样性的最显著特点是拥有高比例的地方性物种，这些物种虽然对湿地生态系统的利用程度不同，有的需要完全依赖于湿地环境生存，有的只是将其作为季节性的栖息地，但都能够很好地适应和利用湿地生态系统的低营养级别、长期水淹、偏酸性水和极端温度等条件。

湿地生态系统供给服务是内陆渔业、海洋渔业、休闲渔业健康发展的关键，特别对于一些贫困的国家和地区，鱼类是人体所需蛋白质和微量营养物质的重要来源，渔业的可持续发展为人口的生存提供重要保障。在非洲一些国家和地区，依赖于湿地生态系统生存的各类生物物种已经成为保障人类健康、安全和福祉的最重要依靠，它们不但为几乎全部的生物生产力提供水资源和营养物质，而且是人们索取如水果、橡胶、陶瓷用黏土、芦苇席、棕榈垫、蜂箱等食物、药材和建筑材料的重要来源（Schuyt，2005；Shackleton C and Shackleton S，2006）。水产养殖业的发展对于渔业生产也有重要依赖，一些肉食性鱼种需要以小型鱼类为食，而从湿地生态系统中获得的一些小型鱼类则是配合饲料的重要组成部分。休闲渔业的发展是许多国家税收的重要来源，休闲渔业的维持和发展依赖于渔业资源增殖，特别对于物种的引进和储备，是许多地区食物安全和增收的重要影响因素。

纵观全球依赖于湿地生态系统的渔业发展过程可以发现，当前全球渔业发展面临的不可持续性异常严峻，强烈的人类活动是许多地区的渔业产量出现断崖式崩溃的最主要原因，湿地填充、水利工程建设、水体富营养化都会造成渔业产量的下降，同时过度捕捞、环境污染导致的栖息地丧失、外来物种入侵也是渔业产量大幅度降低的主要原因，并且这些干扰活动会产生协同作用，一旦区域内湿地生态系统的干扰因素超过两个，协同作用就会使渔业生产速率不断降低（Kercher and Zedler，2004；Zedler and Kercher，2005）。

三、三江平原湿地生态系统供给服务的社会福祉效应

三江平原湿地生态系统提供的主要原材料产品有纤维植物、药用植物、饲用植物，如芦苇、小叶章、驴蹄草等。在三江平原湿地生态系统的演变过程中，主要湿地植物资源都在数量和质量上发生了不同程度的变化，其中芦苇的演替表现得最为直观。芦苇对湿地环境变化的适应能力较强，但其演化过程长势与产量较不稳定、波动较大。相关研究记录，由于人类的开荒造田，三江平原每年收获的芦苇总量在不断降低，在七星河芦苇区，每年收割的芦苇仅为全部芦苇的 25%，其余部分都被焚烧，每年的经济损失高达 375 万元（崔保山和刘兴土，2001）。

三江平原湿地生态系统复杂的生态环境和丰富的物质基础也为鱼类的繁殖与生长提供了栖息地环境，是鱼类理想的洄游通道和产卵地，也是渔业资源生物多样性和生产力维护的重要区域。三江平原是黑龙江省重点淡水鱼产区，多年平均产量约占全省平均年产量的 1/4，特产鱼类、回归性鱼类以及大型经济鱼类是该地区的特有种类，是该地区渔业发展的优势所在。

挠力河是乌苏里江的最大支流，是三江平原地区渔产最丰富、自然鱼类捕捞量最大的河流。挠力河为鱼类提供了优良的水域环境，每年春季江河解冻，乌苏里江鱼类便溯江而上进入挠力河水域产卵繁殖、索饵育肥，秋季顺河而下进入乌苏里江过冬。挠力河流域鱼类多达 8 科 20 余种，其中包括多种珍稀濒危鱼类。

在三江平原渔业发展过程中，长时期进行过度捕捞导致的生态失衡对渔业发展产生了严重影响。20 世纪 70 年代，三江平原地区的渔业产量开始出现显著下降，主要原因在于湿地的大面积开荒与排水疏干造成的湿地水资源短缺，水体污染对于渔业产量也有一定程度的影响。

三江平原渔业是第一产业的重要组成部分，为当地解决了一定的人口就业问题。如图 4-1 所示，三江平原渔业产量自 2000 年呈现出了不规则的变化过程，但整体来看，近年来三江平原地区的渔业产量发展趋势较为平稳。

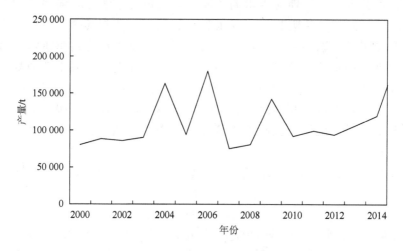

图 4-1　三江平原地区渔业产量

第二节　调节服务的社会福祉效应

一、湿地生态系统服务——调节服务

湿地生态系统调节服务是指湿地生态系统作为调节因子通过均化洪水、疾病控制等在空气质量调节、土壤质量调节等方面发挥的功能。湿地植被能够影响降水量和可利用水资源量，并且在生长的同时在组织中封存温室气体，进而影响区域小气候的形成以及空气质量；湿地生态系统是控制极端天气和自然灾害如洪水、风暴、山体滑坡等发生的天然屏障，湿地生态系统能够快速吸收洪水，而湿地植被能够稳固山体，防止水土流失，从而降低对人民生命财产产生的危害；湿地生态系统是人类和动物生产生活产生的废弃物的自然缓冲区，湿地土壤中的微生物活动能够有效降解污染物质、消灭病原体、降低污染级，起到控制土壤侵蚀和维持土壤肥力的作用。

二、调节服务对社会福祉的影响

湿地生态系统调节服务对于社会福祉的影响显著体现在对于水文条件的控制上。湿地生态系统是在多水的条件下，多种自然因素的共同作用下形成的。一个流域的湿地发育情况以及湿地面积是该流域自然条件的综合特征之一，而湿地对径流的影响则是通过湿地本身的特殊性表现出来的。湿地是陆地上的天然蓄水库，湿地对洪水的控制就像是放置于水体与陆地之间的一块巨大的海绵，能够快速吸收大量降水和上流径流，并将其缓慢渗透入土壤，从而起到减缓径流速率和减少径流量的作用，通常表现为蓄积洪水、减缓流速、削减洪峰和延长水流时间等。湿地土壤的孔隙度大，储水能力高，可以吸收本身重量 3~9 倍或者更高的蓄水量（许林书和姜明，2005）。湿地的面积越大，其蓄积洪水、减缓流速的能力也就越强，即便是在湿地达到饱和状态的情况下，湿地植被仍能起到调节径流的作用，从而保障下游地段人民的生命财产安全。

洪水是由暴雨、急骤融冰化雪、风暴潮等自然因素引起的江河湖海水量迅速增加或水位迅猛上涨的水流现象。洪水往往分布在人口稠密、农业垦殖度高、江河湖泊集中、降雨充沛的地区。洪水期间的水量分布通常存在巨大差异，区域间水量差异越大，洪水移动的速率就越大，破坏性也就越大。洪水灾害会打破社会发展的连续性，给人民生命和财产、公共基础设施、文化遗产、生态系统、工业生产以及经济竞争力带来广泛的不良影响，对社会的可持续发展构成严重威胁（Messner and Meyer，2006）。

如图 4-2 所示，洪水通常储存在湿地土壤中，或者以地表水的形式滞留在湿地中。流经湿地的洪水一般需要经历一个降低洪峰水位和延长洪水滞留时间的过程，在此过程中产生巨大阻力，从而避免洪水在同一时间流向下游可能造成的伤害（Wamsley et al.，2009）。因此，湿地的排水疏干会产生更多、更宽的次地表路径使洪水通过，从而提高洪水风险。堤坝的修建切断了湿地与江河之间的连接，原本缓慢且较浅地扩散到广泛的河漫滩上的洪水会在有限的过水断面和极低的坡降条件下向下游推进，加上排水管道传输地表径流的速率过快，因此一旦防洪堤出现缺口，洪水便会造成灾难性的后果。

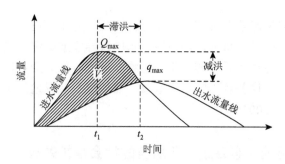

图 4-2　湿地生态系统的均化洪水过程（吕宪国和刘红玉，2004）

　　洪水对湿地生物多样性的影响从短期来看可能是一种巨大的生态灾难，它不但使栖息地破碎化，对动植物资源造成破坏，而且有可能造成当地物种的灭绝。然而从长期来看，洪水在某种程度上有利于湿地生物多样性的恢复。洪水是自然循环的一部分，能够保证动植物在洪水环境下的长期生存能力和湿地生态系统功能的维持；洪水大幅度提升了湿地与江河之间恢复连接的概率，动植物物种也会在此过程中寻求与湿地生态系统之间重新连接的机会。首先，洪水发生期间能够滋润长期干旱的河床，改变了种子的传播和生长条件，有利于植被的恢复，同时被冲刷的地区为物种提供了新的生存栖息地，特别是对于一些食草动物至关重要；其次，周期性的洪水有利于维持浮游生物的多样性，而这是提高地区物种丰富度、吸引动物回归的重要驱动力；再次，河漫滩水文条件的改变还有利于鱼类的产卵，渔业因此可以从中获益；最后，洪水造成植被和栖息地条件的改变还会使鸟类的分布随时间发生改变，充足的食物与水资源有利于提高物种丰富度和珍稀物种数量（Galat et al.，1998）。

　　突发的洪水给人民的生命财产安全带来了巨大的威胁，其危害包括死亡、伤害、疾病、精神压力、财产损失和引发社会动荡、道路与建筑等基础设施的损坏、农业生产的瘫痪，以及应急响应、灾后清理工作和社会救助等社会经济活动造成的经济损失等。由于人口密集的城市一般位于海拔较低的地区且通常是在湿地开发的基础上发展起来的，易受到洪水的侵害。湿地对洪水的均化作用在于能够承托洪水期间来自上游过量的、急流下泄的水资源，大幅降低洪峰流量以及延长洪水滞留时间，不但可以起到降低洪水风险，保障下游地区农业生产、基础设施和房屋建筑等人民生命财产安全的作用，而且能够有效补给地下水，有利于促进区域水资源的调控和合理利用。

　　湿地生态系统在均化洪水的同时，还具有滞留沉积物的作用。当洪水携带的有毒物质和营养物质附着在沉积物颗粒上时，有毒物质和营养物质还会随着悬浮物的沉降而沉降，从而发挥净化水质的功能（Lenhart and Hunt，2010）。与污水处理厂的水质净化方式相比，还能够带来提高水中溶解氧含量、降低下游地表水体富营养化风险、促进渔业发展和生物多样性恢复、防止河道淤积变浅、补充土壤养分、促进农业生产等一系列附加效应。水中营养物质随沉积物沉降之后，通过湿地植物的吸收，经过一系列的化学和生物学过程转化后会被储存起来，当从湿地中收获生物量时，这些营养物质又会以产品的形式从湿地生态系统中排除出去（吕宪国和刘红玉，2004）。

三、三江平原湿地生态系统调节服务的社会福祉效应

三江平原湿地生态系统具有较强的含水性、持水性和透水性特征，并且随着区域降水量的变化，湿地生态系统对于河川径流既能发挥蓄水作用，又能发挥补给作用，因此能够有效均化径流的分配（陈刚起和张文芬，1985）。三江平原是洪涝灾害的易发地区，湿地对洪水的均化作用对于削减洪峰、推迟汛期、河流水源补给、维持区域水平衡、保障农业生产安全、降解农药化肥污染等活动有着显著的影响。

湿地生态系统的均化洪水功能对湿地环境十分依赖且对湿地环境的变化十分敏感，湿地的排水疏干、防洪治涝工程的大力兴建会阻断江河干流与湿地之间的联结，直接导致湿地补给严重缺乏和蓄水容量的减少以及由此造成的洪水期间洪峰流量增加、土壤侵蚀和风化加剧等生态环境问题。

三江平原位于黑龙江、松花江及乌苏里江的中下游，属于洪涝灾害频发地区，受大气环流的影响，经常连年发生洪涝灾害，加上湿地的不断开垦，使得洪水对该地区造成的危害不断加剧。中华人民共和国成立以来，三江平原地区就出现过 16 个大涝年份，其中 1960～1964 年、1971～1973 年和 1983～1985 年均出现了连续受涝的现象（王韶华等，2003）。三江平原的耕地大部分位于地势低洼的平原地区，而其中约有 60%的耕地属于易涝耕地。洪涝灾害对于三江平原的农业生产有着严重的影响，受涝年份的减产幅度为 20%～40%，减产、绝产不但会导致农民次年春耕资金严重短缺，影响还会波及农资市场。三江平原地区洪涝灾害导致的农作物受灾情况与耕地面积的递增和湿地面积的递减有着明显的同步关系，另外，洪涝灾害的频繁发生也为每年的除涝工作增加了压力，部分地区还呈现出"有洪就有涝，无洪也有涝，大水大涝，小水小涝，无水哑巴涝""小涝就减产，大涝就绝产""一年受涝，两年减产"的局面（李士峰等，2000；邓伟等，2004）。图 4-3 为三江平原地区历年农作物受灾面积。

洪涝灾害除了导致大范围的农业减产还会造成人民生命财产的巨大损失。1984年黑龙江洪水造成同江市的受淹面积达 15.8 万 hm²，农田绝产面积 2.1 万 hm²，受淹村屯 39 个，淹毁房屋 1.01 万间，受灾人口 1.2 万人，直接经济损失近 1 亿元；1998 年松花江特大洪水仅佳木斯市就有受灾乡镇 93 个，受灾村屯 1296 个，受灾农田面积 45.7 万 hm²，其中绝产面积 24.8 万 hm²，倒塌房屋 3.18 万间，全市农林渔

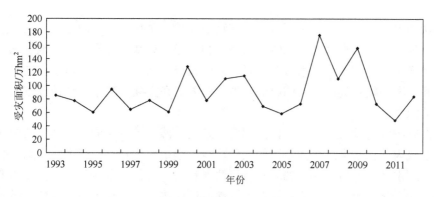

图 4-3　三江平原地区历年农作物受灾面积

业损失及水利工程损失近 20 亿元（李士峰等，2000）；2013 年黑龙江特大洪水造成同江市八岔乡段堤坝决口，渔业村、新颜村被淹，村民流离失所；抚远县 61个村屯、123 万亩（1 亩=0.067hm²）农田被淹，9 个乡镇、3 个农牧渔场全部受灾，受灾人口达 3.3 万人，倒损房屋 1.28 万间，直接经济损失达 36 亿元，当年该县的公共财政收入不足 2 亿元；绥滨县 2000 多户房屋受损，82.7 万亩农作物被淹，各类经济损失达 13.3 亿元；萝北县 6037hm² 农田绝产，涵洞、桥梁、公路破坏严重，黑龙江流域博物馆部分文物受损；水灾还致使受灾地区的多处水利工程受损、庄稼绝产、农用机械损坏、耕地沙化。另外，灾后的房屋重建、道路桥梁修复等工作还需要大量的人力物力投入，巨大的资金需求也为国家和地方政府带来了巨大压力。

目前三江平原地区的抗洪压力主要集中在水利工程上，然而水利工程建设不但会改变江河径流，切断洪泛平原湿地与江河之间的联结，还会耗费大量的资金和劳动力，且一般只能承担部分洪流，应对规模较小的洪水事件，而其余洪水将冲积到洪泛平原上。洪泛平原区的湿地生态系统就能够起到承担洪水运输和水资源调节的作用，并与防洪河道共同构成具有互补作用的洪水运输通道，同时能够控制土壤中的营养物质循环、固结底质和消耗径流能量来实现对水利工程的保护。因此，应当重视和充分利用三江平原湿地生态系统的均化洪水功能，强化和提高对三江平原地区洪水灾害的管理能力，保障社会和人民的生命财产安全。

第三节　文化服务的社会福祉效应

一、湿地生态系统服务——文化服务

湿地生态系统提供的文化服务通常是指人们从湿地生态系统中获得的精神满

足、认知思考、娱乐和美学等方面的非物质收益。精神满足指的是人们通过湿地探险、风景欣赏等在精神层面收获的体验和放松；认知思考来源于湿地生态系统与当地文化、民族风俗、宗教信仰等方面的融合，从而激发人们对于历史文化的体验和思考；娱乐美学方面的收益表现为对人们在文化、艺术、设计等方面研究灵感的激发。

在旅游业蓬勃发展的今天，人们对于亲近自然、了解不同地域文化的旅游需求已经成为现代社会最根深蒂固的文化特点。湿地作为最具生产力的生态系统以其特有的水体、地貌、动植物和民俗风情日趋成为人们旅游休憩的主要目的地。湿地是大自然赋予人类的宝贵财富，湿地旅游的快速发展也正在为区域的经济发展带来契机，以湿地保护、教育引导为前提的湿地旅游开发势必将不断得到人们的向往和推崇。

湿地旅游是指将湿地作为观光游览的载体，以体验湿地自然风光和当地传统文化为主要目的的旅游活动。湿地拥有的自然风光和丰富的野生动植物资源使其成为人们进行娱乐、旅游等活动的理想场所，体现了人与湿地所具有的独特的美学诉求之间的紧密结合，徒步、戏水、垂钓、观鸟、乘船等活动是人们体验湿地旅游的主要方式。

湿地旅游能够为地方发展提供多种机遇，它不但能够创造就业机会，为当地带来可观的财政收入，而且能够产生一系列的环境和社会利益。湿地旅游收入一方面可以用于平衡环境治理的成本支出，另一方面可以为湿地保护提供资金支持；贫困人口可以从湿地旅游业的发展中寻求新的就业机会，通过贩售商品和服务来改变当前的生活方式，摆脱生活困境；湿地旅游是当地居民、游客和旅游公司获取湿地资源价值信息的重要途径之一，人们在野生动植物资源和栖息地环境欣赏、本土文化体验和湿地生态保护学习的过程中会产生了解湿地生态系统的欲望，而这则有助于提高人们保护湿地资源的意识，强化湿地管理的公众参与程度。

可持续湿地旅游是一个将湿地旅游与可持续发展相结合的概念，强调湿地资源对于旅游业发展、关键生态过程维持和文化遗产以及生物多样性保护的重要性，是湿地旅游管理的核心理念。不恰当的湿地资源开发会影响湿地的生态特性，进而影响湿地旅游，同样管理不善的湿地旅游会对湿地生态特征产生负面影响，进而影响野生动植物资源和栖息地环境。

可持续的湿地旅游管理面临着来自多方面的挑战。首先，水资源是湿地生态系统提供旅游服务的主要依赖，而强烈的土地利用变化和基础设施建设以及严重的重金属与有毒物质污染会减少湿地旅游发展所需的水资源量，因此可持续利用的水资源是湿地旅游管理的一项长期挑战；其次，湿地旅游的开发会带来社会经济和文化方面的挑战，特别是在限制当地人们使用维持生计的湿地资源时，对生计产生的影响一般不是通过提供就业就能解决的；再次，可持续的湿地旅游管理还需要旅游基础设施和管理人员培训方面的投资，而来自资金方面的挑战则是相关管理部门不可避免的。

二、文化服务对社会福祉的影响

旅游活动是人们收获湿地生态系统文化服务收益的最直接形式。湿地旅游是在为满足人民群众日益增长的旅游休闲需求、促进旅游休闲产业健康发展、推进具有中国特色的国民旅游休闲体系建设的大背景下发展起来的。如上所述，湿地旅游已成为一股新鲜、强劲的血液为社会的发展贡献力量，把握住湿地旅游提供的发展契机无疑将会从根本上对湿地贡献于福祉提高的问题产生重要的积极影响。

湿地旅游给社会发展带来的最直观利益是其巨大的经济产出，这既包括游客在食物、交通、住宿等方面的花销带来的收益，又包括湿地旅游刺激下的地区就业增长，因此对于刺激消费、扩大内需和拉动经济增长有着积极作用。旅游收入不但可以用来支持和保护湿地资源的合理利用，维持和改善所提供的旅游活动，而且可以将其作为改善民生、消除贫困、增进居民福利、平衡社会差距的新渠道。

湿地旅游的发展符合经济转型的升级需要，其现实意义在于有助于为区域的工业发展形成良好的招商引资环境，尤其是对于资源型城市，依托于湿地资源禀赋的旅游业发展对于产业优化升级、产业格局调整、新的替代产业的形成的作用是显而易见的；湿地旅游的发展有助于打造旅游拳头品牌，提高城市形象，贡献于基础设施的改善和人居环境的优化；湿地旅游还可以发展为新的经济增长极、扩散极，带动生态工业、生态农业、交通运输业、餐饮娱乐业、房地产开发等产业的发展。

旅游的初衷是使生活向更愉快的方向发展，湿地旅游除了在经济利益上的贡献，更多的是在人们心理和精神层面上的贡献。随着社会的飞速发展，快速的生活节奏和巨大的工作压力使越来越多的人面临亚健康问题，如何维持身心健康和提高生活品质已经成为不可回避的社会问题。湿地拥有的多姿奇特的生态景观和原始神秘的人文气息让旅游的人们可以远离喧嚣，贴近自然，以体验内心的宁静和祥和，得到充足的精神慰藉和心灵休憩。因此，湿地旅游这种润物无声的方式也是缓解社会压力、增加社会认同、提高个人和家庭幸福指数的有效途径。

三、三江平原湿地生态系统文化服务的社会福祉效应

位于三江平原地区的各大城市均属于资源型城市，伴随着不可再生资源，特

别是煤炭资源的不断开采，都出现了矿产资源储量日益减少、日趋枯竭的现象，并且或多或少存在着如采选条件恶化、开采成本攀升、效益低、主打产品萎缩等问题，因此，城市转型成为各城市可持续发展过程中的必然选择。旅游业具有产业链条长、产业面宽、辐射性强的特点，凭借其自身的活跃性能够在调整优化产业结构、缓解就业压力、推动基础设施建设和发展经济新增长点等方面发挥重要作用，也是退耕还湿大背景下的重要的可持续替代生计模式，因此成为三江平原地区城市转型中的关键产业。

打造以湿地旅游为核心的三江平原地区旅游业正呈现出强劲的增长势头，并逐渐成为该地区新的经济增长引擎。以兴凯湖旅游为龙头的鸡西市旅游业在 2013 年创造了 31.6 亿元的总收入，成为鸡西市增长势头最迅猛的产业，使鸡西市逐渐呈现出了从资源鸡西向旅游鸡西方向转变的局面；佳木斯市努力将旅游业培养成城市发展的支柱产业，而以三江湿地旅游为核心的旅游品牌打造正在为拉动区域经济发展、推动城市功能的完善和城市规模的扩大贡献力量；以赫哲族民族风情、大江界、大湿地为特色的湿地旅游为同江市迎来了难得的大发展机遇，不但促进了同江市旅游业的快速发展，也推动了城市的基础设施建设和生态环境改善，2011 年同江市湿地旅游创收 1.82 亿元，同比增长 21.7%，成为带动经济增长的新亮点；双鸭山市依托于湿地资源优势，努力打造以湿地生态旅游为精品的文化旅游产业，在双鸭山市产业经济发展中呈现出了异军突起的态势，2010 年双鸭山市旅游收入达 4.5 亿元，吸纳就业 2.5 万人，间接就业 10 万人。

湿地旅游的发展进一步提高了三江平原地区的开放程度，促进了人流、物流、资金流和信息流的流动，加快了社会的进步步伐。在旅游业的带动下，各地区的商品流通业、交通运输业、邮电通信业、餐饮业、旅馆业、文化娱乐业、金融保险业、房地产业、信息咨询业均得到了一定程度的发展，同时推动了第一、二产业的调整和升级。近年来，三江平原地区依托于湿地资源优势吸引了一系列以湿地农家乐、度假山庄、水上体验和冰雪乐园等为主题的招商引资项目，如兴凯湖 5S 级滑雪场建设项目、兴凯湖大型游船游乐项目、东湖温泉旅游度假村建设项目、萝北名山温泉度假村建设项目、赫哲民族文化村整体开发项目等，招商引资为三江平原地区的固定资产形成、先进技术引用、生产投入扩大、产业结构调整、政府职能转变等诸多方面提供了便捷途径，也为三江平原地区的经济和社会发展发挥了重要的支撑作用。

三江平原湿地旅游还具备极高的科考和文化价值，发挥着重要的提高公众道德文化素养、促进社会精神文明建设的作用。位于富锦市的三江平原湿地宣教馆是国内最具魅力和特色的专业性湿地展馆，该宣教馆拥有的概览厅、景观厅、生物多样性厅、功能与保护厅四个主题展厅很好地展示了三江平原湿地重要的生态系统功能、丰富的生物多样性和独特的自然景观，人们在参观过程中可以清晰地感受和学习到湿地对于区域水安全、粮食安全和生态安全的重要作用，有助于提高公众认知和保护湿地的责任感；位于集贤县的安邦河湿地宣教馆同样发挥着重要的湿地宣传功能，能够使人们在游览的同时加深对七星河湿地、洪河湿地、安邦河湿地、三江湿地情况的了解，提高对湿地功能、生物多样性变化、湿地保护和志愿者活动等相关工作的认识。

三江平原地区湿地旅游的开发在取得了较好的经济、社会和生态效益的同时，也出现了一些方面的现实问题，如对湿地价值认识片面、开发模式僵化、管理方法单一等，这些问题如果不能得到有效解决，将会阻碍湿地旅游的进一步发展以及其效益的可持续性。另外，人们应该提高自己的环保意识，随着三江平原湿地旅游游客的大量涌入，随意丢弃垃圾、采摘践踏花草等行为已经成为普遍现象，不但与湿地景观违和，而且影响湿地生态系统的完整性。为此，三江平原地区的湿地旅游开发与管理还有许多功课要做，不能只顾眼前利益，还需要考虑长远利益，进而保证社会发展全方位地从湿地旅游的开发中受益。

第四节 支持服务的社会福祉效应

一、湿地生态系统服务——支持服务

湿地生态系统支持服务是指为保障其他类别的湿地生态系统服务的可持续供给所必需的生态系统服务。栖息地供给是湿地生态系统为湿地野生动植物生存提供的基本服务，而生物多样性保护则是湿地生态系统有效提供供给服务、调节服务和文化服务的基本条件。

生物多样性是指所有生命形式的多样性，它不仅包括地球上植物、动物、微生物物种和其他形式的生物之间所存在的变异性，而且包括物种之间以遗传多样性的形式而存在的变异性以及生态系统层面的变异性，即物种与物种之间以及物种与物理环境发生的相互作用（马克平，1993；Balmford et al.，2005）。

生物多样性是人类赖以生存的条件，是经济社会可持续发展的基础，是生态安全和粮食安全的保障（环境保护部，2011）。全世界 40%的经济总量和 80%的人类生存发展需求来自于生物资源，生物多样性越丰富，医学发现、经济发展、应对全球变化的适应性反应概率就越高。

生物多样性与生态系统服务之间存在唇齿相依的关系，是生态系统运转的基础，生物多样性的退化和消失将直接影响生态系统服务的有效供给，而一旦无限接近或跨过潜在的临界点，灾难性的后果将是不断剥夺人们从自然资产中获取财富和工作的机会，阻碍社会福祉的提高（SCBD，2010），如大面积毁林开荒和气候变化的相互作用导致的区域降水量减少并由此造成的病虫害和农业减产；化肥农药的广泛使用造成的水体富营养化以及由此导致的鱼类减少、旅游业衰退；海洋酸化、过度捕捞导致的人口失业、健康问题等（Chapin et al.，2000）。

生物多样性是宝贵的自然资产，是社会福祉的重要来源，其价值不仅体现在其对食物、水资源、空气、医药等物质福利和抵御自然灾害、气候变化、病虫害、疾病等生计的贡献上，而且在协调区域水资源、能源和农业综合发展，提高社会安全与弹性，维持社会关系与人类健康以及选择与行动自由等方面发挥着重要作用（UN，2002）。

当前，全球生物多样性保护正面临着重重困境，大部分地区的生物多样性问题还没有充分地纳入更广泛的政策、决策和规划中。同促进基础设施建设和工业发展相比，生物多样性保护的行动往往只能获得少部分的资金支持，而且在社会发展进程中，由于对生物多样性的忽略，错失了许多通过各种合理规划最大限度地降低对生物多样性不利影响的机会。Steiner（2011）认为，人们或多或少还持有生物多样性无足轻重，离开生物多样性仍然能够很好地生存这样的观念，而存在这样的问题的最主要原因还是经济学没有起到应有的作用，许多国家仍然对生物多样性对社会福祉的贡献所产生的巨大价值熟视无睹。

二、支持服务对社会福祉的影响

湿地生物多样性保护对湿地生态系统服务的供给和社会福祉的保障起着重要的支撑作用。多样的植物群落能够显著提高湿地的水处理能力并有助于改善空气质量，多样的微生物群落与湿地植被是湿地生态系统营养循环的关键组成，而生态系统的多样性还能提高湿地应对各种环境压力的弹性，如极端气候、环境污染等（Bolund and Hunhammar，1999；Hansson et al.，2005；Lucas and Greenway，2008）。湿地也为水生昆虫提供了栖息地环境，因此提供着重要的蚊虫防治服务。Greenway 等（2003）研究指出，湿地生态系统的蚊虫数量与水生植物和无脊椎动物的物种数量负相关，通常表现为物种多样性越丰富，能够达到蛹期并发展成为成熟个体的蚊虫幼虫数量越少。这说明捕食是一种重要的控制蚊虫数量的措施，且对于控制疾病传播与综合防治具有重要意义。

湿地植被如芦苇、红树林、狐米草等都具有显著的气候调节功能，能够有效地控制区域内的碳循环过程，这对全球气候变化带来的不利影响能够起到一定的缓冲作用（Brixa et al.，2001；Chmura et al.，2003）；湿地生物多样性还具有重要的文化价值，杭州西溪湿地生态景观的演变过程便可以追溯到东汉时期，而白鹭、杜鹃、梅花等动植物物种还具有极高的观赏价值；在乌干达，随着人口数量的不断攀升、土地资源的日益短缺以及气候变化，湿地植被所具备的气候调节、水质净化和营养物滞留等功能已经成为保障国家粮食安全的重要服务（Turyahabwe et al.，2013）；在澳大利亚，卡卡杜国家公园为许多珍稀动植物的繁衍提供了理想环境，有的物种已经拥有超过 4 万年的历史，一些洞穴内记录着土著历史文化发展过程的壁画已经成为澳大利亚重要的文化遗产（Ramsar Convention Secretariat，2013）。

湿地生物多样对湿地环境的变化具有高度的敏感性，蓄水量和水质的变化、径流量的变化、栖息地环境的变化以及外来物种入侵等都会改变湿地的生物多样性特征。生物多样性的消失，特别是关键物种的消失会造成生物链和生物网的破坏与中断，从而改变影响生态系统功能的生物特征，削弱湿地生态系统的自我调节能力，降低提供生态系统服务的能力，进而对社会福祉状况产生影响。因此，湿地生物多样性的变化最终将体现在生态系统服务对社会福祉贡献的影响变化上。

三、三江平原湿地生态系统支持服务的社会福祉效应

三江平原地区湿地生物多样性十分丰富，属于《中国生物多样性保护行动计划》和《中国湿地保护行动计划》的优先地区。该地区湿地植物物种丰富、蕴藏量大，湿地动物数量庞大、种类繁多，具有维持区域水平衡、保障粮食安全、调节气候、旅游开发以及科研教育等多方面应用价值，并且在维持全球重要湿地生物多样性方面发挥着重要的作用。三江平原湿地生态系统生物多样性几乎支撑着全部湿地生态系统所提供的服务，在三江平原社会发展过程中占有举足轻重的地位。因此，生物多样性的损失势必会对社会福祉状况产生不利影响。

植物作为初级生产者，能够直接利用太阳能并将其转化为化学能来加以储备，并在一定的条件下释放或转化为热能，因此是人类和所有动物赖以生存的物质基础。三江平原的湿地植物物种是湿地生态系统的重要组成部分，以湿生、沼生和水生植物等沼泽湿地植被为主，为该地区的农、林、牧、副、渔的综合发展提供有利条件，并在调节气候和控制水资源平衡等方面发挥着重要作用，同时为一些珍贵水禽和鱼类生存与繁衍提供着重要的栖息地环境（易富科等，1982）。目前三江平原地区已利用的湿地植物物种多属于野菜、野果、医药、木材和饲料植物等，因此按物种的性质和用途来划分主要可以分为食用植物、药用植物、工农业原料用植物以及观赏和美化环境用植物四类，另外还有许多植物资源至今未得到充分利用或从未利用（陈宜瑜，1995；吕宪国，2009）。在已利用的植物物种中，桦树皮文化已经成为黑龙江省非物质文化遗产，桦树皮工艺品记载着赫哲族人民对生活的热爱和对幸福的追求（胡晓婷，2011）；小叶章是该地区数量最多、分布最广

的植物群落，不但具有较高的初级生产力，而且再生能力强，是优质的野生牧草（王文焕等，2002）；芦苇储量丰富、分布集中、适应性强、商品率高，是重要的造纸原料，能够有效降低农药、杀虫剂和工业废水中有毒物质的浓度，特别是对废水中的重金属具有明显的吸附作用，是名副其实的生物过滤器（于凤林，1989；张友民等，2003）；毛果苔草群落具有调节气候、净化水质和维持生态平衡的作用，是优良的纤维植物资源和牧场饲用植物，也是形成泥炭最主要的造炭植物（郑萱凤和李崇皡，1994）；另外还有如野大豆、水芹等食用植物，问荆、龙胆等药用植物，琥珀千里光、紫菀等观赏性植物。

　　动物在维持生态平衡、促进生态系统物质循环和植物传粉、种子传播等方面发挥着重要作用，一些两栖类和鸟类生物还是绿色农业病虫害控制的主要生物防治手段。三江平原湿地生态系统是许多珍稀濒危动物的重要栖息地，也是湿地物种的重要基因库和种质资源圃。三江平原湿地动物以鱼类和鸟类居多，鱼类中，黑龙江鳇鱼、史氏鲟、乌苏里白鲑、哲罗鱼、细鳞鱼、兴凯湖翘嘴红鱼白等均为本区的特有物种，鳇鱼、大马哈、鲟鱼等洄游鱼类对这些国际性鱼类的种群数量有着直接影响（刘兴土和马学慧，2000）；鸟类中，三江平原拥有我国最大的丹顶鹤和大天鹅繁殖群，同时东方白鹳、白鹭、白尾海雕等珍稀水禽也均在此地筑巢繁殖（严承高和袁军，1997）。三江平原的动物资源主要也用于食用、药用、原料供应和观赏等。鲈鱼、鲶鱼、鲑鱼、鲟鱼、胖头鱼、大马哈鱼等鱼类是赫哲族人民制作服饰的重要原材料，鱼皮服饰的发展记载着赫哲族独特的渔猎文化（孔德明，2009）；东方白鹳、丹顶鹤、白枕鹤、白尾鹬、白翅浮鸥、白尾海雕等珍禽构成了中国乃至世界濒危物种的重要基因库（南野等，2013）；此外，一些鸟类的鸟羽还可用于装饰品和服装加工，部分兽类的茸、蹄是重要的药材原料，天鹅、丹顶鹤、鸳鸯等鸟类具备极高的观赏价值等。

　　在三江平原近 60 年的开发过程中，湿地生物多样性发生了翻天覆地的变化。湿地植被群落由于大面积的排水疏干呈现出整体上向陆地旱生生态群落演化的趋势，天然植被也逐渐被人工植被所取代（汲玉河和栾金花，2004）；野大豆、水曲柳、黄檗等植物是重要的食物和原材料资源，现均已列为国家级濒危物种，占有面积和成熟个体数量均已低于规定阈值（吕宪国，2009）；"三花五罗"是松花江久负盛名的淡水鱼种，曾经是辽王朝皇帝摆设的头鱼宴中不可或缺的美味，也是满汉全席中无法替代的原料，而现如今已很难发现和捕捞到野生成鱼；过度捕捞和水体污染同样酿成了大马哈鱼的悲剧，以往每年几十万尾的捕鱼量现如今每年仅能收获数千尾，曾经靠捕鱼维持生计的人们只好靠改种庄稼为生（李伟光，2005）；丹顶鹤的数量急剧减少，从开发初期的几千只减少到仅剩百余只，一些珍稀水禽数量的减少程度也均超过了 90%（李晓民等，2003）；水獭、黑熊、梅花鹿、东北虎等兽类由于栖息地的不断破坏已从该区绝迹。

　　生物多样性对于维持食物链构成、湿地生态系统的稳定性和抵抗外来干扰至关重要。随着三江平原原始湿地自然景观的逐渐退化和消失，生物多样性不断减少所产生的社会效应正在日益突显，水土流失加重、河川径流减少、地下水位下降、洪涝灾害频发等一系列生态环境问题归根结底均是湿地生态系统退化作用下生物多样性不断减少的结果，而这些问题也已经成为三江平原地区社会可持续发展面临的严峻问题。因此，加强对三江平原湿地生态系统生物多样性的保护就意味着对各项湿地生态系统功能的恢复和强化，也就能够不断降低人类活动给湿地生态系统带来的负面影响，从而不断提高湿地生态系统服务对社会福祉的贡献。

第五章 湿地生态系统服务价值评估

第一节 挠力河流域湿地生态系统均化洪水价值评估

一、挠力河流域基本概况

（一）挠力河流域湿地生态系统演变过程

挠力河流域位于三江平原腹地，流域总面积为 248.63 万 hm²，约占三江平原总面积的 1/4，其中平原面积约占 61.7%，山区面积约占 33.5%（图 5-1）。挠力河发源于完达山脉勃利县境内七里嘎山，是乌苏里江左岸的一级支流，自西南向东北，全长 596km，在距宝清镇北 15km 的国营渔亮子处分成大、小挠力河两段水流，行 50km 至板庙亮子处汇合，在饶河县东安镇入乌苏里江（崔保山和刘兴土，2001）。挠力河干流设有宝清和菜咀子两个水文站，其中宝清站位于挠力河中上游，菜咀子站位于中下游。行政区划上挠力河流域包括宝清县全部，富锦、饶河、友谊、集贤和双鸭山的部分地区以及建三江和红兴隆两个大型国有农场（罗先香等，2002；侯伟等，2004）。

挠力河流域是三江平原湿地分布最为集中的地区，保留有典型的永久性和季节性淡水沼泽湿地，是三江平原原始的缩影。地势平缓、河流纵比降小、径流缓慢、河漫滩广泛等一系列自然地理条件为大面积沼泽湿地的发育和形成提供了有利条件，也为丰富的野生动植物资源创造了理想的栖息地环境。流域内主要分布有七星河湿地、外七星河湿地和挠力河湿地三个重点湿地保护区，其中七星河湿地和挠力河湿地分别于 2000 年和 2002 年晋升为国家级湿地自然保护区，在生物多样性保护和湿地生态系统功能保护等方面发挥着重要作用。

挠力河流域也是三江平原地区开发最为剧烈的区域之一。如图 5-2 所示，同三江平原地区的发展历史类似，在挠力河流域近 60 年的开发过程中以及在特定时期国家政策全面支持开荒的大背景下，湿地生态系统发生了剧烈的演变，湿地面积呈现出了不断下降的趋势。1954 年，流域拥有湿地面积 114.99 万 hm²，占流域总面积的 46.25%，是区域内部最主要的景观类型；1960 年以后，随着农业开发规

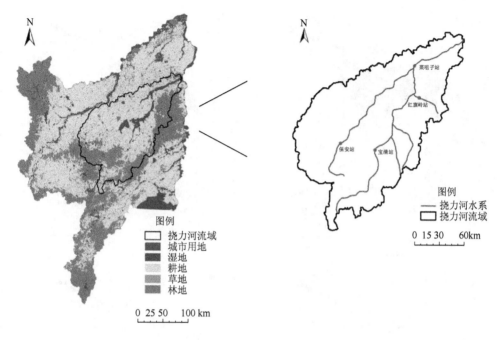

图 5-1　挠力河流域地理位置及水系分布

模和力度的不断扩大,湿地面积急剧减少,1965 年,湿地面积退化至 97.46 万 hm²;1981 年湿地面积为 68.2 万 hm²,相比于 20 世纪 50 年代减少了 40.69%;2000 年,流域湿地面积为 27.77 万 hm²,相比于 20 世纪五六十年代减少趋势虽然有所缓解,但退化仍在继续;2010 年,湿地面积仅剩下 17.43 万 hm²,所占面积已不到流域面积的 10%;1965~2010 年,湿地面积共减少了 80.02 万 hm²,耕地取代湿地成为地区内部最主要的景观类型,目前挠力河湿地已经呈现出片断化、破碎化和岛屿化十分严重的现象(崔保山和刘兴土,2001)。

挠力河流域湿地的大面积退化带来了一系列的累积效应。生物多样性方面,生态系统类型和景观多样性均出现了大幅度降低的情况,截至 2000 年,生态系统类型和湿地景观类型分别减少了 88% 和 50%,并由此导致植物生物群落和水禽数量的显著减少;水文情势方面,如图 5-3 和图 5-4 所示,1956~2009 年,挠力河年均径流量呈现出了不断降低的趋势,这导致流域地下水补水量的减少和湿地洪泛概率的降低,由此造成的湿地破碎化还严重地削弱了湿地的水文功能,蓄水能力的不断下降也造成地区洪涝灾害频发和危害性不断增大的局面;湿地的退化还导致气温的持续升高和降水量的不断下降,这也进一步加剧了湿地的退化过程,使湿地的演变陷入难以扭转的恶性循环中(刘红玉和李兆富,2006)。

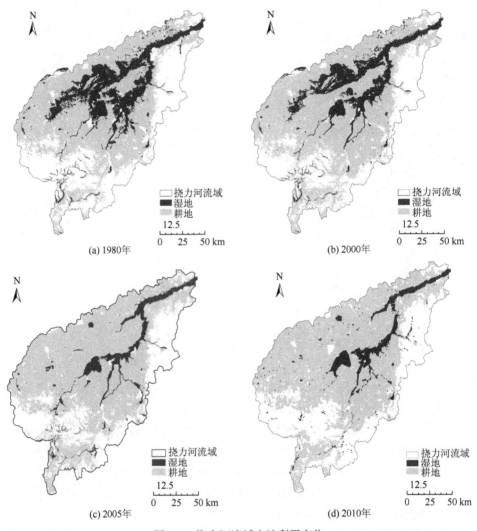

图 5-2 挠力河流域土地利用变化

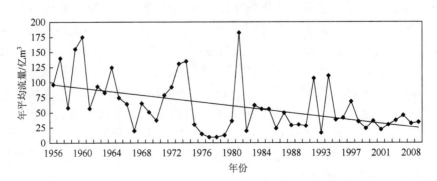

图 5-3 挠力河流域宝清水文站年平均流量变化

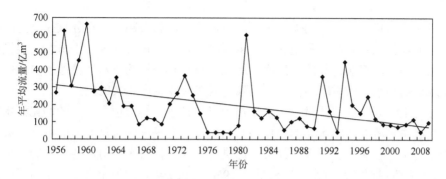

图 5-4　挠力河流域菜咀子水文站年平均流量变化

（二）挠力河流域洪水灾害

挠力河流域是乌苏里江流域重要的湿地洪水调蓄区，从 1956~2000 年宝清站和菜咀子站的洪峰流量实测值数据可以看出，有 26 年位于下游菜咀子站的洪峰流量要小于上游宝清站的洪峰流量，这说明有大量洪水在该区域的沼泽湿地中得到漫散和蓄储（刘兴土，2007）。

挠力河及其主要支流流入平原后均发展成为沼泽性河流，河道弯曲系数大、泄流不畅，每逢汛期来临时都会造成大量的洪水漫溢，形成天然滞洪区。沼泽湿地土壤具有容重小、孔隙度大、持水能力强的特点，与湿地的蓄水能力共同发挥着重要的调节、阻滞、丰蓄和分流洪水的功能。然而，随着湿地的不断退化，湿地均化洪水的功能不断下降，加上水利工程的大规模建设进一步阻断了湿地与水体之间的连接，导致该地区抗洪压力由自然控制强制性地向人为控制的方向转移。

洪涝灾害是挠力河流域最主要的自然灾害，随着耕地面积的不断增长以及农业基础设施发展的滞后，洪涝灾害造成的损失也呈现出了逐渐增大的趋势。自中华人民共和国成立以来，该地区就发生过 1957 年、1973 年、1981 年、1983 年、1991 年、1994 年、1998 年、2004 年以及 2013 年等多次较大级别的洪水灾害，历次灾害造成的地区淹没面积均超过了流域平原面积的 40% 以上，严重威胁着两岸的工农业生产和人民生活。1957 年被淹农田面积达 11.4 万 hm^2，占同年播种面积的 66.7%，粮豆减产达 26.3%（王洪波等，2008）；1981 年洪水淹没和顶托浸没的耕地面积达到 821 万亩，其中绝产面积 426 万亩，分别占同年播种面积的 77.6% 和 40.3%（王波等，1995）；1991 年，洪涝灾害造成饶河县 6400hm^2 农田被淹，3600hm^2 农作物绝产，倒塌房屋 23 间，毁坏房屋 35 间。

当前，挠力河流域的防洪压力主要集中在水利工程设施上，而目前该地区的大部分水利工程的防洪标准为 20 年一遇，部分为 10 年一遇，因此，一旦洪水超过预期，势必会造成巨大损失。挠力河流域湿地虽然退化严重，并已难以恢复至原始时期，但仍具备一定的均化洪水能力，为此，相关部门应充分重视挠力河流域湿地的均化洪水功能，利用这种对洪水的"软"管理方法辅助于水利工程设施进行洪水调节，将湿地与防洪河道构造成具有互补作用的洪水运输通道，共同承担洪水运输和水资源调节的任务，保障地区工农业生产和人民生活。

湿地生态系统的均化洪水价值评估的目的在于理解湿地所具有的均化洪水能力，唤起决策者对于将湿地的均化洪水功能作为提高地区抗洪能力的可选方案的意识，便于与水利工程建设的经济支出进行对比，促进今后对湿地资源的保护及恢复。本书应用黑龙江省水利厅提供的1956~2009年挠力河宝清站和菜咀子站的洪峰流量实测值，在替代成本法的基础上对挠力河湿地的均化洪水服务进行价值评估，并预测此项服务在不同贴现率条件下的价值变化情况，以期为今后地区防洪规划的制定和湿地资源的保护提供科学参考。

（三）挠力河流域防洪工程建设

挠力河流域的现有防洪体系是根据该流域的自然条件和防洪保护区的实际情况，按照"蓄泄兼施，以泄为主"的方针，在1975年编制的《三江平原水利综合治理规划》和1991年编制的《挠力河干流近期堤防工程初步设计》的基础上建设的，是以干流堤防、水库工程为主，支流回水堤、两岸涝区自排与强排相结合、全线筑堤束水的排水骨干工程为辅，采用蓄滞洪区、河道整治、水库以及排水工程有机结合的整体布局的综合防洪治涝工程体系，防洪标准基本为10年一遇。

2003年，相关部门修订了《三江平原水利综合治理规划》，确立了遵循自然规律和经济规律，确保将防洪减灾、水资源开发利用、生态环境建设作为三江平原治理的战略重点，并从保护湿地的角度出发，强调"蓄泄兼施、以蓄为主，涵养水源、扩大水面"的原则，以期实现以水资源可持续利用支撑经济社会的可持续发展。此次修订见证了三江平原地区对保护和恢复湿地生态系统的重视，也为本书提供了现实依据，证明可以将湿地恢复后获得的均化洪水功能作为地区防洪建设的备选方案。目前，挠力河流域的防洪治理工程主要由堤防加高培厚工程、护坡工程、穿堤建筑物工程、堤顶道路工程和堤后盖重等工程组成，工程实施后，挠力河流域将达到20年一遇的防洪标准（冯建维和田熹东，2003；石瑾斌和刘艳艳，2014）。

二、研究方法

（一）替代成本法

替代成本法是代理法（proxy methods）的一种，通常是指通过发生在基准情景和选择行为之间的成本差异来评估经济价值的一种方法，其中选择行为一般包括改变设备选择、设备使用率、生活方式或者资源管理方式等（Jaccard et al.，2003）。对于洪水治理来讲，基准情景通常是指水利工程建设，选择行为在本书的研究背景下则是利用湿地的均化洪水功能，替代成本即在假设利用湿地恢复治理洪水的情况下，通过水利工程建设的成本来评估均化洪水的价值。

关于替代成本法，Jaccard 等（2003）将其应用在温室气体减排的成本估算上，他们进行了不同技术方案如不同的交通工具、照明设备、工业设备等条件下的温室气体排放的成本对比，结果证明了替代成本可以有效地比较不同决策方案的利弊；Cabeza 和 Moilanen（2006）应用替代成本法对自然保护区不同规划方案的成本利益进行了分析，认为该方法特别是在交互式的规划过程中能有效增强决策者对保护区价值的认识；此外也有通过该方法计算湿地的污染物降解、河流疏沙和气候调节等服务的价值（Woodward and Wui，2001；周益平等，2010；张振明等，2011）。

替代成本法是评估湿地均化洪水价值最合适的方法，相比于其他不通过选取代理对象进行评估价值的方法，该方法能提供更可靠的评估结果。以往的研究由于存在数据的缺陷和对均化洪水过程的不理解而难以精确量化，所以通常都以单位水库库容造价来进行价值的评估，忽略了真正意义上的均化洪水效应。挠力河流域上游湿地的变化在下游水文形势上的体现是本方法的研究基础，在此基础上通过水利工程的建造费用以及比例分析法来评估提供相同等级防洪能力的湿地均化洪水价值，也就是说，假设挠力河流域存在进行防洪工程投资建设的意愿，并将城市为水利工程的投资意愿作为人们持有的洪水保护价值的代理，再通过比例分析来最终确定湿地的均化洪水价值。

（二）湿地蓄水量

挠力河流域沼泽湿地的土壤类型主要包括草甸沼泽土、淤泥沼泽土、腐殖质沼泽土、泥炭沼泽土和盐化草甸沼泽土等（陈刚起，1996）。湿地蓄水量与土壤容重、孔隙度、植物残体组成和有机质含量等性质有关，一般是与土壤容重呈负相关，与孔隙度和有机质含量呈正相关。由于湿地土壤表层通常覆盖有不同厚度的草根层和泥炭层，而草根层和泥炭层主要由未分解或未完全分解的植物残体组成，水分可大量存储于孔隙之中，且部分保存在植物残体内部，所以具有相当于一般矿质土壤几倍至十几倍的巨大的持水和蓄水能力（刘兴土，2007）。挠力河流域泥炭层和泥炭沼泽土表层的饱和持水量为 600%～900%，腐殖质沼泽土和草甸沼泽土表层的饱和持水量为 100%～600%，按表层土壤层厚度 50cm 计算，土壤体积饱和含水量均值为 76.1%（张养贞，1981；刘贵花，2013）。

相关研究结果表明（表 5-1），随着挠力河流域湿地生态系统的不断退化，湿地的蓄水能力持续降低（刘贵花，2013）。首先，湿地土壤层蓄水能力的下降最为显著，1954～2005 年，饱和蓄水量减少了 42.5 亿 m³，降低幅度超过了 80%，其中 1976～1986 年的下降幅度最为剧烈；其次，湿地地表积水量同样呈现出了明显的下降趋势，各时期的变化与土壤层蓄水量的变化完全一致，50 年间共减少了 14.7 亿 m³，降低幅度也接近 80%，这说明湿地的蓄水能力与湿地面积呈显著的正相关关系；两项结果直接导致挠力河流域湿地总蓄水量的大幅度降低，这表明湿地生态系统的均化洪水功能面临着严峻考验，而实施及时的湿地保护及恢复能够直接体现在湿地的蓄水能力上。为此，本书通过假定的湿地恢复方案来进行湿地均化洪水价值的评估，力求通过结果来为挠力河流域及整个三江平原地区的抗洪规划的拟定、实施以及区域的水资源利用和可持续发展提供必要的信息参考。

表 5-1　挠力河流域不同时期湿地蓄水量

蓄水量　　　年份	1954	1976	1986	1995	2000	2005	2010
100cm 土壤层饱和蓄水量/亿 m³	52.7	40.1	24.4	20.8	11.3	10.2	9.8
20cm 地表积水量/亿 m³	18.4	14.4	8.8	7.4	4.1	3.7	3.4
总蓄水量/亿 m³	71.1	54.5	33.2	28.2	15.4	13.9	13.2

三、均化洪水价值评估

（一）水利工程的抗洪效应

本部分以位于挠力河上游宝清县境内的龙头桥水库建设前后挠力河径流量的变化来分析水库处理径洪峰流量的能力。龙头桥水库是一座以灌溉、防洪为主的大型水利工程，兴建于 1998 年，1999 年截流蓄水，2002 年竣工，总库容 6.15 亿 m³，控制流域面积 1730km²，总投资 5.6 亿元，是挠力河第一座大型控制性工程（蒋虎等，2008）。龙头桥水库设计防洪库容 1.75 亿 m³，20 年一遇洪峰流量 768m³/s，洪水调度采用一级控制，砍平头式操作，当发生 20 年一遇洪水时，按 120m³/s 的下游防洪安全泄量控制泄流；当水库水位超过 20 年一遇的防洪水位时，水库将不再考虑下游防洪要求，打开闸门自由泄流，确保水库大坝的安全（刘正茂等，2007）。

龙头桥水库建设对挠力河湿地水文过程产生了显著影响。宝清站统计资料显示，水库建成前，该站最大流量都出现在 8 月，而在 2000～2009 年，6～10 月的流量变化十分显著，与水库建成前相比呈现出下降趋势，且 8 月均未出现全年最大流量。这说明，水库在夏汛期间蓄积了大量的上游径流来水，对流量的控制使得下游湿地的洪泛过程概率降低且作用强度明显减小。本书以 1956～1998 年和 1999～2009 年两个阶段的宝清站最大径流量均值来评估水库对径流的控制效应，1956～1998 年径流量最大值均值为 73.1m³/s，1999～2009 年径流量最大值均值为 34.5m³/s，下降比例为 52.8%。

（二）湿地的均化洪水效应

湿地削减洪峰流量的功能多发生在平水年、枯水年和前期偏旱的年份，其原因在于这些年份的大部分沼泽地表无积水，或草根层、泥炭层含水不饱和，潜水位不高，存在可供蓄水的库容（刘兴土，2007）。龙头桥水库建设前，从挠力河流域若干典型的平水和枯水年份的统计资料中可以看出，下游菜咀子水文站洪峰流量要明显小于上游宝清站的洪峰流量，削减率可达到22.8%～76.2%，如表5-2所示，说明湿地具有显著的均化洪水功能。湿地对洪水产生的均化效应可以一直持续到湿地产生表面流，即当沼泽湿地含水量达到饱和，潜水位升至沼泽表面时，表面流产生之前，大部分洪水会储存于草根层与泥炭层之中，另一部分会以表层流侧面渗透的方式流出，而在此过程中，则一直发挥着削减洪峰和均化洪水的功能（陈刚起和张文芬，1985）。为此，拟采用 22.8%～76.2%这一削减区间来作为挠力河湿地均化洪水价值评估的依据。

表 5-2　典型年份宝清站和菜咀子站实测洪峰流量对比

年份	宝清站/（m³/s）	菜咀子站/（m³/s）	差值/（m³/s）	削减率/%
1956	596.0	211.0	385.0	64.6
1965	235.0	118.0	117.0	49.8
1966	235.0	123.0	112.0	47.7
1968	414.0	98.5	315.5	76.2
1970	212.0	80.6	131.4	62.0
1974	194.0	130.0	64.0	33.0
1983	142.0	81.0	61.5	43.3
1989	252.0	71.8	180.2	71.5
1992	190.0	71.8	118.2	62.2
1996	164.5	127.0	37.5	22.8

（三）价值评估

以替代成本法并通过比例分析来进行湿地均化洪水价值的评估即先通过工程

的建设成本与工程对洪水的削减效应计算出工程对洪水的单位削减成本，然后与湿地削减效应相比较最终计算出挠力河流域单位面积湿地的均化洪水价值。这种存在于湿地均化洪水功能和水利工程建设成本之间的权衡决定了此代理过程，也是此方法应用的核心所在。另外，比例分析原本是财务用于分析投资收益的一种方法，鉴于其原理简单、运用灵活，本书将其应用于湿地均化洪水的价值评估上，结果可以用于对湿地均化洪水投资方案可获收益的表达，便于决策者与挠力河流域其他防洪方案进行利益权衡。

通过表 5-3 和表 5-4 中的数据计算可得，龙头桥水库的单位削减成本为 1.06×10^7 元，将此价格作为湿地均化洪水服务的替代成本，将最大和最小削减率作为价值计算的变化区间，可得 2010 年挠力河流域单位面积湿地生态系统的均化洪水价值为 1389.8～4644.7 元/hm²，相应地，挠力河流域湿地生态系统的均化洪水总价值为 2.42 亿～8.08 亿元。此结果揭示了单位面积湿地均化洪水效应的边际成本，也可以将其理解为单位面积挠力河流域湿地被替代后在均化洪水功能上的成本损失。从湿地保护的角度出发，若今后挠力河流域仍需继续进行水利工程的开发，希望相关部门能够提升水利工程的投资预算，并由此将湿地的均化洪水功能作为提高区域抗洪能力的可选方案，才能更加体现剩余湿地存量的均化洪水价值。

表 5-3　龙头桥水库的洪水削减效应

龙头桥水库	削减效应
工程建设前径流量/（m³/s）	73.1
工程建设后径流量/（m³/s）	34.5
削减量/（m³/s）	38.6
削减率/%	52.8
工程建设成本/亿元	5.6

表 5-4　挠力河流域湿地的均化洪水效应

挠力河流域湿地	最大削减效应	最小削减效应
宝清站/（m³/s）	414.0	164.5
菜咀子站/（m³/s）	98.5	127.0
削减量/（m³/s）	315.5	37.5
削减率/%	76.2	22.8
2010 年湿地面积/hm²	17.4×10^4	

　　湿地的均化洪水功能与湿地面积呈显著的正相关关系，因此，湿地的退化将削弱均化洪水的能力，相应地会不断降低单位面积的均化洪水价值。另外，考虑到水利工程的经济使用年限，湿地的均化洪水价值也应该考虑贴现的问题。若按水库的经济使用年限为 50 年计算，贴现率按 1%～9%计算，挠力河流域湿地 50 年后的均化洪水价值呈现出如表 5-5 所示的变化。由计算结果可知，随着贴现率的增加，挠力河流域湿地未来的均化洪水价值显著降低，说明价值评估结果对贴现率较为敏感，所采用的贴现率越大，那么在与当前可供选择的其他防洪方案进行利益对比时，湿地防洪方案的经济效益越不容易突显。而如果用贴现率来反映贷款利率，特别是水利工程建设这一类风险较低的政府项目时，认为 5%的贴现率是较为适合用来进行未来的挠力河流域湿地均化洪水价值评估的。

表 5-5　挠力河流域湿地生态系统 50 年后的均化洪水价值

贴现率/%	挠力河流域湿地均化洪水价值/亿元
1	1.471～4.912
3	0.552～1.843
5	0.211～0.705
7	0.082～0.274
9	0.033～0.109

（四）讨论

　　本部分通过替代成本法计算挠力河流域湿地均化洪水的价值，强调的是防洪工程和湿地生态系统对径流量的削减效应以及存在于湿地均化洪水和水利工程建设成本之间的权衡，结果证明了湿地均化洪水所具备的强大抗洪能力和所蕴涵的巨大经济价值，能够为相关的决策制定提供一定的信息参考。

　　本部分研究缺少了对一些极端情况的考量，如尽管湿地仍然存在，但如果今后该地区短期内并没有将利用湿地的均化洪水服务纳入区域抗洪管理方案和规划的制定中，或放弃湿地所具备的这一功能而将抗洪压力完全放在水利工程的建设上，湿地在均化洪水服务方面就不会体现出任何价值。另外，如果相关政策能够不断积极地促进湿地保护，那么即使现阶段还没有利用湿地积蓄洪水方面的计划，但只要能够认识到此功能，并可能会在未来通过工程建设或相应保护措施得到恢复和提高以及利用，此价值将会在短时间内快速提升。

　　本书在计算均化洪水服务未来价值时没有考虑湿地面积的变化，然而从2005～2010年挠力河流域湿地面积的变化中可以发现，湿地退化的局面正在不断减弱，如果今后挠力河流域湿地能够得到有效的保护和恢复，那么此价值评估结果还会得到提高。

第二节　兴凯湖湿地生态旅游价值评估

一、兴凯湖湿地旅游基本概况

（一）兴凯湖湿地旅游的开发背景

　　兴凯湖位于黑龙江省鸡西市所辖密山市境内，由大兴凯湖、小兴凯湖及其周边的湖积平原组成，是亚洲最大的淡水界湖，素有"东方夏威夷""北国绿宝石""世界黑土湿地之王"等美誉。兴凯湖凭借其丰富的野生动植物资源和独特的森林-湿地生态系统，于2002年正式列入国际重要湿地名录，是黑龙江省重点生态旅游开发景区。

　　兴凯湖湿地旅游是在全面调整产业结构、转变经济发展方式、提高经济运行效益和质量、实现鸡西市由传统矿业城市向新兴生态旅游城市跨越的大背景下逐渐发展起来的。首先，兴凯湖湿地旅游开发是旅游业发展目标定位的必然选择。旅游业作为国民经济中起先导作用的新兴支柱产业，得到了黑龙江省政府的足够重视，并在"十一五"期间将兴凯湖作为全省三大主要景区之一进行重点开发，旨在通过兴凯湖湿地旅游品牌的打造来促进国民经济产业结构调整，带动第三产业发展，扩大对外开放，优化商贸和投资环境，提高人民生活质量，加快精神文明建设。其次，兴凯湖湿地旅游开发是旅游市场需求升级换代的必然选择。随着旅游业的不断发展，游客的出游需求和出游方式呈现出多样化趋势，休闲旅游、乡村旅游、生态旅游等强调体验的个性化旅游正逐渐取代传统旅游成为最主要的旅游方式。兴凯湖湿地旅游正是为了迎合不同的旅游需求，科学地配置旅游资源，创造层次高、层面广、周期长的旅游服务而不断发展的。再次，兴凯湖湿地旅游开发是走区域可持续发展道路的必然选择。鸡西市是凭借煤炭资源的优势逐渐发展起来的，但随着煤炭资源的日益衰竭，单一的产业结构、较低的经济效益、严重的生态环境问题成为区域可持续发展道路上面临的主要阻碍。兴凯湖湿地旅游开发适应可持续发展的要求，具备将旅游资源开发与保护相协调、发展速度与发展质量相协调、发展规模与自然承载力相协调、经济效益与生态效益相协调的条件和优势，应大力推动其发展。

（二）兴凯湖湿地旅游的开发优势

1. 资源优势

兴凯湖湿地发展旅游业的资源优势包括以下几个方面：第一，丰富多样的野生动植物资源为兴凯湖湿地旅游的发展创造了良好的先决条件。兴凯湖不但是三江平原最大的水鸟栖息繁殖地，而且是亚洲最大的候鸟迁徙国际重要通道，丹顶鹤、东方白鹳、白尾海雕、大天鹅、鸳鸯等许多珍稀水禽在此繁衍生息。此外，兴凯湖松、水曲柳、黄檗、紫锻、野大豆等多种国家级珍稀濒危植物也均在此分布。第二，得天独厚的自然资源条件为兴凯湖湿地旅游带来了发展机遇。兴凯湖地区四季分明，春季的候鸟迁徙、武开湖，夏季的百里沙滩、水上乐园，秋季的轻舟赏月、饕餮全鱼宴，冬季的千里冰封、冰雪体验，有利于实现均衡发展的四季旅游，也便于开展不同主题的旅游活动，打造多样的旅游品牌。第三，兴凯湖孕育了悠久的北大荒历史文化，在这里能够体验到从北大荒原始风貌到十万官兵开发北大荒再到百万知青屯垦戍边的历史发展过程，北大荒纪念馆、白棱河桥、新开流古人类文化遗址、北大荒书法长廊、泄洪闸、中俄贸易口岸等人文景观也为旅游业的发展提供了便利条件。

2. 区位优势

兴凯湖国家级自然保护区交通便利、可入性强，距密山市仅 36km。密山市地理区位优越，西与鸡东县为邻，北与宝清县、七台河市相接，东与虎林市毗连，南与俄罗斯相望，公路、铁路四通八达，方虎、密兴、密当公路与俄罗斯海参崴国际公路相连，密图国际铁路与俄西伯利亚铁路大干线相汇，密山口岸辐射俄四市七区，不但位于东北亚经济圈中枢，而且处在对俄出口的黄金通道上，便于与俄之间进行资源整合。另外，特色上的差异和文化上的交融也有利于加大中俄之间的沟通协调力度，促进旅游业的联合开发和边境旅游的提档升级，进而为密山市的发展和兴凯湖湿地旅游的开发谋求广阔的发展空间。

近年来有人提出，应将兴凯湖湿地旅游拓展成为中俄之间新的合作领域，并依托于兴凯湖的区位优势大力发展双边贸易，打造以兴凯湖为中心，以扇形辐射牡丹江、佳木斯、七台河、双鸭山、鸡西等地的环兴凯湖经济圈，同时带动俄远东城市的共同发展，足以见证利用兴凯湖区位优势发展湿地旅游的重要性。

3. 市场竞争力优势

兴凯湖湿地是我国第二批加入国际重要湿地名录的湿地之一，兴凯湖国家级自然保护区作为黑龙江省旅游重点发展的三大景区之一，在黑龙江省旅游规划中占有重要地位。另外，在鸡西市"十一五"规划和鸡西市旅游发展总体规划中，兴凯湖也均列为生态旅游骨干景区进行重点发展，这些政策上的倾斜成为兴凯湖湿地旅游快速发展的重要驱动力因素。

兴凯湖湿地旅游以其突出的自然风光魅力和高质量的旅游环境在国内与国际旅游市场上拥有高知名度和高竞争力的旅游产品，山水生态游、农家休闲游、水上娱乐游、避暑养生游、拓荒文化游、滨湖度假游等极具多样性的旅游品牌打造成为兴凯湖湿地每年都能吸引众多全国各地游客前往的一大招牌。兴凯湖湿地旅游的快速发展也使该地区旅游基础设施的建设初具规模，公路、铁路的快速建设，兴凯湖机场的落成，旅行社、餐厅、宾馆、旅游车船等配套要素的逐渐发展已使兴凯湖湿地旅游形成了一定的产业规模和生产体系，不仅使旅游接待、经营和服务达到一定的量，而且相当多的旅游接待设施和服务均已达到较高水平，可以满足不同旅游者不同档次的旅游需求。

（三）兴凯湖湿地旅游开发面临的主要问题

1. 旅游基础设施建设滞后

虽然近年来兴凯湖旅游基础设施建设实现了快速发展，但仍存在滞后问题，现有基础设施建设还不能满足国际生态旅游基地建设的需求。交通方面，当前到达兴凯湖自然保护区尚无直达列车，兴凯湖机场距离景区也至少150km，且景区缺少连接交通干线的旅游公路，因此旅途的波折长期制约着湿地旅游的发展。另外，由于存在景区之间距离较远、景点分散的情况，旅游企业经营旅游运输的积极性较低，旅游车队少，旅游运输成本过高也始终是湿地旅游开发过程中需要解决的主要问题。此外，城镇服务区与景点之间的道路状况较差，行大于游的问题也容易造成外来游客抵达旅游景点的时间较长，旅途劳累容易降低游客的旅游兴致。配套设施方面，旅游住宿设施数量不足，且缺少星级旅游宾馆，不足以解决旅游高峰期游客的住宿问题，这也与兴凯湖这一驰名生态品牌形成了较大的反差。环卫设施、停车场、公共厕所、游客咨询服务中心、排水设施、垃圾处理设施等也存在不同程度的不足问题，这些都成为制约兴凯湖湿地旅游进一步发展的主要瓶颈。

2. 湿地旅游产品打造不均衡

受气候因素的主要影响，兴凯湖湿地旅游主打的是夏季观光度假旅游产品，而其他类型的旅游产品所占份额则较低，存在明显的旅游淡旺季和旅游产品不均衡问题，这成为该地区出现季节性失业、旺季旅游产品短缺、淡季旅游产品过剩等现象的主要原因，也导致许多旅游资源和基础设施的闲置与浪费，降低了经济效益。兴凯湖湿地旅游产品在推广和宣传过程中还存在锁定的目标群体范围过于狭窄的现象，明显缺少针对作为同样是旅游主体且对季节性要求不甚明显的学生群体和白领阶层这一类消费者的旅游产品打造。另外，兴凯湖湿地旅游在打造淡季旅游产品的同时存在市场营销力度不够的问题。市场营销是调整消费者旅游季节性偏好、平衡旅游消费时间段、提高景区经济价值的重要手段，也对开发潜在的消费者市场有积极的促进作用，因此，当前的市场营销策略还需要进行进一步的调整（于春雨，2011）。

3. 湿地旅游存在环境污染现象

随着到兴凯湖旅游的游客数量的不断增多，一些生态环境问题也开始突显，如湿地生态环境质量下降、自然人文景观的破坏、天然植被的破坏、生物栖息地的干扰等，而这些问题出现的主要原因则在于开发者的监督管理不善和游客的环保意识缺乏。首先，管理者由于缺乏生态理论和实践经验的指导，在兴凯湖湿地旅游的开发过程中，往往会出现重开发、轻保护的现象，忽视了湿地生态系统的环境容量和承载力。其次，游客自身的湿地保护意识薄弱也给湿地环境带来了一定程度的影响。每逢旅游旺季，游客乱扔垃圾的现象就十分突出，留在沙滩上的垃圾严重影响了游客的旅游体验。另外，兴凯湖周边耕地的农药化肥中的污染物质流失也对兴凯湖水体水质产生了一定的影响，相关资料显示，2012年兴凯湖水体中的高锰酸盐指数和总磷曾出现过超标现象，水质在部分时段也相应由 II 类降为 III 类，而小兴凯湖也呈现出富营养化的趋势。这些问题的出现都表明湿地旅游开发的同时，环境污染已经成为不可忽视的严峻问题。

二、研究方法

（一）选择实验法

选择实验法是选择模型法的一种，也是陈述性偏好法的一种，这种方法建立在任何物品都可以从属性、特征和等级这样的角度来进行描述的基础之上，如本书所关注的兴凯湖湿地旅游就可以从湿地、生物多样性、植被、基础设施等方面来进行描述。而这些最终改变物品原始形态的属性在层次或等级上的变化以及其附带的价值即选择模型法关注的焦点。选择模型法能够传达这样一类信息：物品的哪一种属性能够显著影响人们赋予不具备市场环境的物品的价值；物品的各个属性在相关人群中潜在的排序是怎样的；多个属性同时发生变化时物品的经济价值是如何发生变化的。

选择模型法与条件价值法的不同之处在于其价值是附加在属性的等级中的，而条件价值法则是直接询问受访者可接受的价值，由于受访者能够轻易地对所偏好的属性等级进行排序而非直接地对价值进行考量，所以选择模型法可有效避免问卷调查过程中逆反票或弃权票的出现。在选择模型法中，选择实验法是唯一符合福利经济学理论的方法，特别是对于生态系统服务的价值评估，如果需要进行相关的成本利益分析或外部性评价，那么选择实验法是应当运用的首选方法（Bateman et al.，2002）。

选择实验由目标商品不同等级的属性集构成，另外包括一个货币属性，它表示在获取不同于当前状况的商品属性时需要支付的费用。研究者通过设置不同等级属性组合而成的选择集来供受访者进行权衡，而当受访者作出选择时，研究者便能够获得个体对商品不同属性的偏好信息，从而确定不同等级属性组合而成的各方案的经济价值（马爱慧等，2012）。

选择实验法近年来在生态系统服务价值评估中得到了广泛应用。Birol 等（2006）针对公众不同湿地功能改善偏好下的希腊 Cheimaditida 湿地的经济价值进行了分析，结果表明在生物多样性、开阔水面面积和科研教育机会三方面属性发生不同程度改善的情况下，低强度管理方案的人均支付意愿为 107.56 欧元/a，中等强度管理方案的人均支付意愿为 116.49 欧元/a，高强度管理方案的人均支付意愿为 134.46 欧元/a，证明了高强度的湿地生态系统管理能够产生更高的经济利益；Vega 和 Alpízar（2011）分析了哥斯达黎加 Toro 3 水电站建设对 Recreo Verde 旅游中心产生的环境外部性，结果表明对于在宾馆条件改善、游泳池周边观赏性植物种植和道路建设三方面给予的补偿，Recreo Verde 旅游中心的管理者更偏好于道路建设方面的补偿方案，而游客则更倾向于住宿条件的改善；吕欢欢（2013）对沈阳国家森林公园的植被覆盖、水环境质量、拥挤程度和垃圾处理四方面条件的改善所产生的经济效益进行了测算，结果表明游客对于垃圾处理改善的支付意愿最高，建议增加游客休息处垃圾桶数量和提高打扫频率。

纵观以往学者的相关研究，虽然对选择实验法的应用已经越发趋于成熟，但这些研究几乎都没有将旅游价值的距离衰减特性纳入研究的考量中，为此，本书在尝试将选择实验法应用到兴凯湖湿地旅游价值评估的同时，结合湿地旅游价值的距离衰减特性来分析其空间衰减方式及空间衰减距离，不但分析不同湿地旅游属性改善情况下给社会带来的福利经济利益，而且探讨随着空间距离的增加价值在不同区域内的变化情况，以期使基于选择实验法的生态系统服务价值评估结果更加完善。

（二）属性识别及问卷设计

针对上述兴凯湖湿地旅游开发过程中出现的主要问题，以及根据《黑龙江兴凯湖国家级自然保护区总体规划》和湿地旅游相关文献资料对未来兴凯湖湿地旅游改善可能的选择方案与改善程度进行预估，本书分别设置湿地恢复、生物多样性保护、植被恢复和基础设施建设 4 个主要方面的改善方案，并在为每个属性保留一个维持现状选择的同时，分别设置了低强度和高强度 2 个程度上的选择方案。方案的具体描述见表 5-6。

表 5-6 兴凯湖湿地旅游选择实验设计的属性描述及等级设置

选择方案	改善程度	具体描述
湿地恢复	维持现状	维持现有湿地面积不变（5.25 万 hm²）
	低强度	退耕还湿工程逐步推进，将与耕地使用者的冲突降到最低并进行适当补偿，湿地的生态系统功能得到逐步恢复（退耕还湿 0.44 万 hm²）
	高强度	退耕还湿工程大力推进，但会造成与耕地使用者的冲突较为突出，就业可能得不到充分解决，适当补偿，湿地生态系统功能能够快速恢复（退耕还湿 1.25 万 hm²）
生物多样性保护	维持现状	珍稀鸟类、鱼类等物种数量维持当前水平
	低强度	在动物繁育期和鸟类迁徙季节等重要时段减少人为干扰，提高现有鸟类、鱼类等物种数量，能够增加游客的观赏兴趣和提高观赏质量
	高强度	大力开展珍稀濒危野生动物的救护、驯化、繁育和招引等工作，显著增加现有物种数量，显著增加游客的观赏兴趣和提高观赏质量，但资金压力较大
植被恢复	维持现状	植被数量和种类维持在当前水平
	低强度	各旅游景区、景点适当恢复湿地植被，提高生态环境效应，便于游客纳凉，视野较为开阔，不影响游客的观赏质量，兴凯湖主要风景名胜尽收眼底
	高强度	各旅游景区、景点利用现有地形、地貌大力恢复湿地植被，显著提高生态环境效应，为游客挡风蔽日，但可能会阻挡游客观赏一些风景名胜的视野，工程造价较高
基础设施建设	维持现状	道路交通、宾馆、餐厅、停车场、公共厕所、公共服务等基础设施数量维持在当前水平
	低强度	逐步进行上述基础设施建设，在不对湿地生态系统和野生动植物产生影响的基础上，做到重点突破、协调推进，促进湿地旅游可持续发展
	高强度	大力推进上述基础设施建设，显著提高游客接待能力和服务与管理水平，但容易破坏湿地生态系统的完整性和对野生动植物产生影响，环境保护压力较大
支付意愿	0 元、50 元、100 元、200 元、300 元、500 元	为提高问卷调查过程中受访者参与调查的概率，强调本次调查仅用于科研且不对外公开参与调查人员的任何个人信息，相关价格的支付将以虚拟的自愿捐助的形式进行

在进行选择实验调查问卷设计之前，由于在选择实验中设计了兴凯湖湿地旅游的 4 个识别属性、3 个程度属性和 6 种支付方案，所以完整的选择实验将产生486 个备选方案，但这对于现实的问卷调查显然是不切实际的。为此，首先应用正交试验法对这 486 个备选方案进行了遴选。正交试验法是充分利用标准化的正交表来安排试验方案，并对试验结果进行计算分析，最终达到减少试验次数、缩短试验周期、迅速找到优化方案的目的的一种科学计算方法（徐仲安等，2002）。通过正交试验，从 486 个备选方案中产生了 27 个优选方案，并从中排除掉如湿地恢复维持现状、高强度生物多样性保护，高强度植被恢复、高强度基础设施建设、0 元支付等这样不现实的方案组合，最终确定了 18 个调查方案。在问卷设计中，将这 18 个调查方案随机分成 6 组，每组以 3 种选择集的形式进行问卷调查，以保证实施问卷调查方案的代表性和可操作性。

另外，除了上述湿地旅游改善的方案部分，问卷的设计还包括受访者的基本信息部分，这一部分内容主要包括性别、年龄、教育情况、收入情况、是否来过兴凯湖旅游等信息，目的在于揭示各相应变量对最终各方案支付意愿的影响情况。

（三）问卷调查及数据收集

在问卷调查之前首先向受访者解释说明此次问卷调查主要是想对游客的兴凯湖湿地旅游改善的偏好方案进行调查，调查是以匿名的形式进行的，且结果仅做科研用，不会泄露任何个人相关信息，以消除受访者的抵触情绪，提高问卷的可信度和回收率。

本次问卷调查主要以面谈的形式进行，调查地点选择在兴凯湖湿地游客最为集中的新开流景区，时间选择在 2014 年 6 月底游客逐渐增多的时期。调查过程中，将有支付能力的 18 岁以上人群锁定为主要调查对象，问卷的调查多选择在游客的休息时间内进行，并尽量在 10 分钟内予以完成，以保证问卷的真实有效，且为保证问卷内容填写工作的顺利完成，在问卷各方案的选择集中对各选项均进行了简要说明，并在必要时予以受访者解释说明或辅助。

在持续 3 天的调查时间内，共收集到有效问卷 224 份，由于每个受访者都需要在 3 个选择集中进行权衡，并且在问卷设计时将每个属性的程度变化均设置为高低两种方案，所以即使选项没有被受访者选择，选项所包含的信息也均是被受访者评估后放弃的。由此说明，本次调查最终得到的总有效调查结果共 672 个，这一结果不但与以往通过选择实验法进行湿地生态系统管理方案成本利益分析的研究样本量相当（Birol and Cox，2007；Westerberg et al.，2010），而且数据信息足以用于进行统计分析。

（四）随机参数 Logit 模型

选择实验法采用随机效用理论的行为分析框架来描述效用最大化框架下的离散选择问题，其假设是当抽样个体出于不同的选择情境时，会从多个替选方案中选择他们认为效用最高的选项。在随机效用理论中，个体 n 从选择方案 j 中获得的效用可以描述为

$$U_{nj} = V_{nj} + \varepsilon_{nj}$$

其中，V_{nj} 是效用中系统的、可观测的效用部分；ε_{nj} 是呈独立同分布和极值分布的随机变量。由于个体从所选方案中获得的效用可以通过离散选择模型的效用形式来表达，为了解释存在于受访者个体之间不可观测的偏好异质性，就需要应用随机参数 Logit（RPL）模型，由此从选择方案 j 中获得的效用便可转换为

$$U_{nj} = \beta'_n X_{nj} + \varepsilon_{nj} = b' X_j + \eta'_n X_j + \varepsilon_{nj}$$

其中，X_{nj} 为可观测的解释变量；β' 为随机影响系数，其可以通过样本的总体平均数（b）和个体差异的平均值（η）来表达（Hensher and Greene，2003）。

RPL 模型可以捕捉到存在于受访者之间不可观测的偏好异质性，而可观测到的偏好异质性在受访者作出湿地旅游改善方案选择时就已经包含在效用函数的系统的、可观测的效用部分中，即 V_{nj} 中，因此为了表达不同的受访者可能作出的不同的支付意愿，在 V_{nj} 中加入价格参数。因此，在本书中，V_{ij} 可以通过下式来进行表达：

$$V_{ij} = \beta_1 X_{HWet} + \beta_2 X_{LWet} + \beta_3 X_{HVeg} + \beta_4 X_{LVeg} + \beta_5 X_{HBio} + \beta_6 X_{LBio} + \beta_7 X_{HTI} + \beta_8 X_{LTI} + \beta_9 X_{Cost}$$

其中，H 和 L 分别表示高强度和低强度的选择方案；Wet 表示湿地恢复；Veg 表示植被恢复；Bio 表示生物多样性保护；TI 表示基础设施建设；Cost 表示支付成本。由此，各属性改善方案的边际支付意愿（MWTP）便可以通过下式来进行计算，即

$$\mathrm{MWTP}_k = -\left(\frac{\beta_k}{\beta_{Cost}}\right)$$

三、湿地旅游价值评估

（一）RPL 模型参数分析

在 RPL 模型中，随机参数被指定为服从正态分布，因此，各属性参数均允许

出现正负不同的偏好差异，模型的具体模拟结果如表 5-7 所示。在个人信息参数中，年龄和以往是否到过兴凯湖旅游两个参数的随机影响系数结果不显著，这说明对于兴凯湖湿地旅游的改善，这两个属性对游客支付意愿的影响不存在明显差异，即表示不存在显著的偏好异质性。教育程度和收入则与支付意愿呈显著的正相关关系，其中教育程度对支付意愿的影响程度更高，说明游客受教育程度的不同对于湿地旅游改善的支付意愿存在明显的异质性，受教育程度越高，支付意愿也就越高。同样，游客的收入越高，支付意愿也越高。

表 5-7　RPL 模型模拟结果

参数		RPL	Probability
个人信息参数	Age	0.1598	0.4613
	Education	2.0936	0.0656*
	Income	0.5662	0.0210**
	Ever-visited	−0.3915	0.4197
湿地旅游改善方案参数	HWet	0.9587	0.0426**
	LWet	−0.1297	0.0833*
	HVeg	0.3675	0.0641*
	LVeg	0.1455	0.8118
	HBio	−0.4470	0.0522*
	LBio	0.5398	0.0414**
	HTI	0.5380	0.0582*
	LTI	−0.3781	0.5376
	Cost	−0.0161	0.0003***
模型参数	Log likelihood	−715.3037	
	McFadden R^2	0.26	
	Number of observations	672	

***、**、*分别表示 1%、5%、10%的统计显著性水平

湿地旅游改善方案中的各参数结果表明，在各湿地旅游改善方案的属性变化中，高强度湿地恢复、低强度湿地恢复、高强度植被恢复、高强度生物多样性保护、低强度生物多样性保护以及高强度基础设施建设的随机影响系数结果显著，这说明对于这些属性的改善在所调查的游客中存在着明显的偏好异质性，也就是说如果一些游客倾向于支付高强度湿地恢复、高强度植被恢复的改善方案，那么另外一些游客可能会对此持反对意见；低强度植被恢复和低强度基础设施建设的

影响系数结果表明这两项改善方案是模型中的非随机参数，说明此两项属性在受访者中存在着一致的偏好性；支付成本的影响系数为负值，且结果显著，这说明湿地旅游改善方案成本的上升将会降低游客从中获得的效用值，方案的成本越高，游客的支付意愿越低。

模型参数中，McFadden 可决系数值超过了 0.2，这表明 RPL 模型的整体适配度良好（Louviere et al.，2000），模型对于解释存在于游客之间的湿地旅游改善方案偏好异质性结构合理、结果直观。

（二）边际支付意愿评估

游客对于兴凯湖湿地旅游不同属性改善方案的支付意愿结果如表 5-8 所示。从表中的计算结果可以看出，当将成本属性作为标准化变量时，高强度湿地恢复在兴凯湖湿地旅游各属性的改善方案中最为重要，其人均边际支付意愿值为 59.4 元；几乎具有同等重要性的属性参数为低强度生物多样性保护和高强度基础设施建设，其人均边际支付意愿值分别为 33.5 元和 33.3 元；高强度植被恢复人均边际支付意愿值为 22.8 元，在诸属性参数中值最低，这说明游客对于可能影响景观观赏的高强度植被恢复的热衷程度较低；其他属性改善方案的支付意愿除低强度植被恢复外均为负值，而由于低强度植被恢复在模型中不属于随机变化参数，所以没有将其边际支付意愿值作为兴凯湖湿地旅游改善方案总支付意愿的一部分。另外，有的游客认为高强度生物多样性保护会严重影响兴凯湖周边的农业生产，或者认为生物多样性的保护程度与游客的观赏机会成反比，因此对此项属性的改善支付意愿较低。综合上述游客对于各属性改善的支付意愿，由高强度湿地恢复、高强度植被恢复、低强度生物多样性保护和高强度基础设施建设构成的兴凯湖湿地旅游改善总体方案的人均总支付意愿值为 148.9 元，管理部门可以将其作为今后兴凯湖湿地旅游发展的经济效益参考，以此来制定相应的湿地旅游管理方案。

表 5-8　兴凯湖湿地旅游不同属性改善方案的支付意愿

属性参数	边际支付意愿/元	总支付意愿/元
HWet	59.4[**]	59.4
LWet	−8.0[*]	—
HVeg	22.8[*]	82.2
LVeg	9.0	—
HBio	−27.7[*]	—

续表

属性参数	边际支付意愿/元	总支付意愿/元
LBio	33.5**	115.7
HTI	33.3*	148.9
LTI	−23.4	—

***、**、*分别表示 1%、5%、10%的统计显著性水平

（三）湿地旅游价值的距离衰减

生态系统服务具有特殊的尺度依赖，对于旅游服务来说，其经济价值会随着距离旅游地半径的增大而逐渐衰减，因此对于采用陈述性偏好方法评估的旅游服务价值多属于旅游地"源点"处的价值。Loomis（1996）曾经指出，陈述性偏好法评估的生态系统服务价值存在的最大问题在于不精确地定义生态系统服务的地理界限；Boyd（2008）认为，陈述性偏好法评估生态系统服务价值常用来推测整个政治管辖区内的总价值，如县域、省域或国家等，但如果认为在政治管辖区内服务产生的是等量的价值流，所得到的研究结果就会出现明显的错误；Kozak 等（2011）认为，生态系统服务价值评估应该定义经济管辖区，即服务产生价值的空间面积，而且在经济管辖区内，服务的价值流并不相等，而是服从严格的距离衰减。进一步提高兴凯湖湿地旅游服务价值评估的准确性和可靠性，探讨旅游服务价值在较为符合实际的距离衰减方式下的空间范围和衰减过程，可以为今后相关生态系统服务价值评估方法的拓展和兴凯湖湿地旅游的管理提供科学参考。

1. 人均支付意愿的距离衰减方式

区位论中的距离衰减原理认为，如果地理现象之间是相互作用的，那么其作用力会随距离的增加而逐渐降低（杨万钟，1999）。这一原理体现在旅游价值则表现为随着与旅游地距离的增加，人们从旅游服务中获得的效用逐渐降低，经济价值也降低。

关于生态系统服务价值距离衰减的相关研究目前尚不多见，尤其是对于旅游价值衰减方式的研究。已有的研究表明生态系统服务价值主要是按照指数衰减和对数-线性衰减两种方式实现"空间贴现"的（Pate and Loomis，1997；Bateman et al.，2006）。在 Pate 和 Loomis 的研究中，加利福尼亚州湿地恢复的人均支付意愿以指数衰减方式在 472km 处达到半衰；而在 Bateman 等的研究中，英国中部塔姆河生态系统服务的人均支付意愿以对数-线性衰减方式在 29km 处降为 0。然而在他们的研究中，旅游价值均没有单独拿来进行考量；Kozak 等（2011）虽然没有给出确切的空间范围，但认为国家公园生态旅游的价值呈现出的是较低的空间衰

减率特点。基于上述这三项关于生态系统服务价值距离衰减方式的研究，并结合吴必虎等（1997）对于我国城市居民旅游目的地选择行为的相关研究，分别提出兴凯湖湿地旅游人均支付意愿以指数衰减方式在 50km、100km、250km 和 472km 和以对数-线性衰减方式在 29km、50km、100km、250km、500km 不同边界条件下的衰减方程，并通过结果来分析兴凯湖湿地旅游可能符合的价值衰减方式和衰减过程。

指数距离衰减方程为

$$50\text{km 半衰：}\quad \text{WTP} = 148.97\text{e}^{-0.013863d}$$

$$100\text{km 半衰：}\quad \text{WTP} = 148.97\text{e}^{-0.00693147d}$$

$$250\text{km 半衰：}\quad \text{WTP} = 148.97\text{e}^{-0.0027725d}$$

$$472\text{km 半衰：}\quad \text{WTP} = 148.97\text{e}^{-0.0014685d}$$

对数-线性距离衰减方程为

$$29\text{km 处：}\quad \ln(\text{WTP}) = \ln(148.97) - 0.172d$$

$$50\text{km 处：}\quad \ln(\text{WTP}) = \ln(148.97) - 0.1d$$

$$100\text{km 处：}\quad \ln(\text{WTP}) = \ln(148.97) - 0.05d$$

$$250\text{km 处：}\quad \ln(\text{WTP}) = \ln(148.97) - 0.02d$$

$$500\text{km 处：}\quad \ln(\text{WTP}) = \ln(148.97) - 0.01d$$

2. 距离衰减结果分析

由于本书能够获取的最小地理单元数据为县域数据，所以为突出兴凯湖湿地旅游价值的空间衰减特性以及经济管辖区范围，本书仍然将人均支付意愿的变化情况作为落脚点，而未将人均支付意愿值与地理单元内的人口数量相乘得出总价值。结果如图 5-5 和图 5-6 所示。

研究结果表明，兴凯湖湿地旅游价值的距离衰减过程主要取决于所应用的距离衰减方程。两种距离衰减方程得到的结果表明，计算过程中采用的距离衰减方程越陡，价值所跨越的经济管辖区范围越小。从人均支付意愿指数距离衰减至 50km 半衰和对数-线性距离衰减 29km 和 50km 衰减为 0 的结果中可以看出，兴凯湖湿地旅游价值的经济管辖区范围均仅到达密山市和虎林市部分地区；而从 100km 范围的衰减结果中可以看出，经济管辖区范围覆盖密山市全部，并延伸到虎林市、宝清县、七台河市、勃利县和鸡东县的部分地区；250km 范围，经济管辖区范围覆盖鸡西市（鸡东县、虎林市、密山市）和七台河市（勃利县）全部，双鸭山市（集贤县、友谊县、宝清县、饶河县）大部分地区，以及佳木斯市（桦南县、桦川县、汤原县、同江市、富锦市）、鹤岗市（萝北县、绥滨县）、牡丹江市（东宁县、林口县、海林市、宁安市、穆棱市、绥芬河市）、延边（汪清县、珲春市）和哈尔滨市（依兰县、方正县）的部分地区；472km 和 500km 范围，经济管辖区范围延伸至伊春市、哈尔滨市、延边大部分地区，以及绥化市、黑河市、长春市、吉林市、松原市的部分地区。从价值量的衰减过程来看，指数距离衰减方式下得到的价值量变化幅度要小于对数-线性距离衰减方式下价值量变化，这表明在相同的经济管辖区范围内，通过前者得到的价值总量也要大于后者。

从上述价值衰减过程和经济管辖区范围的评估结果可以推断，兴凯湖湿地旅游价值距离衰减过程较为符合 250km 范围的衰减方式。从兴凯湖"源点"到达受益人边界的过程，人均支付意愿的指数衰减结果从 148.97 元衰减到 50km 处 129.7 元，到达 100km 处衰减至 112.9 元，进而在 250km 处衰减为 74.5；而对数-线性距离衰减结果从 148.97 元衰减到 50km 处 54.8 元，到达 100km 处衰减至 20.16 元，进而在 250km 处衰减为 0。此范围内，兴凯湖湿地旅游价值与受益人之间的相互作用较为强烈，不但人们会持有较高的兴凯湖湿地旅游改善的投资意愿，而且兴凯湖的湿地旅游经济效益主要惠及在此范围内。

对于小于 250km 范围的兴凯湖湿地旅游价值衰减过程，一方面存在着经济管辖区范围过小的问题，违背兴凯湖总体规划中将兴凯湖旅游打造成国内外有较高知名度的生态休闲旅游度假基地的发展目标，以及鸡西、牡丹江等地依托于兴凯湖做强做大旅游业的决定，另一方面不符合兴凯湖湿地旅游作为富国富民的重要生态经济产业所具备的外向度高、辐射面广、带动力强的特点。

对于大于 250km 范围的兴凯湖湿地旅游价值衰减过程，主要问题在于可能高估了兴凯湖湿地旅游覆盖的经济管辖区范围。黑龙江省除了兴凯湖国家级自然保护区，还拥有分布在齐齐哈尔市的黑龙江扎龙自然保护区，分布在宁安市的黑龙江镜泊湖自然保护区，分布在伊春市的红星、乌伊岭、翠北等多个省级国家级湿地自然

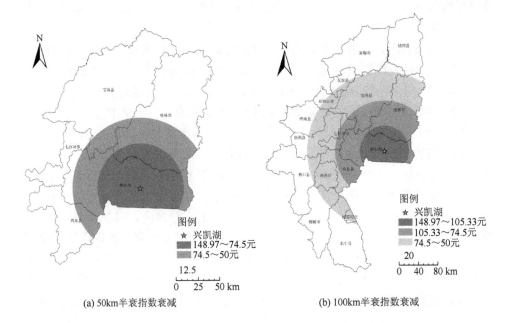

(a) 50km半衰指数衰减　　　　　　　　　(b) 100km半衰指数衰减

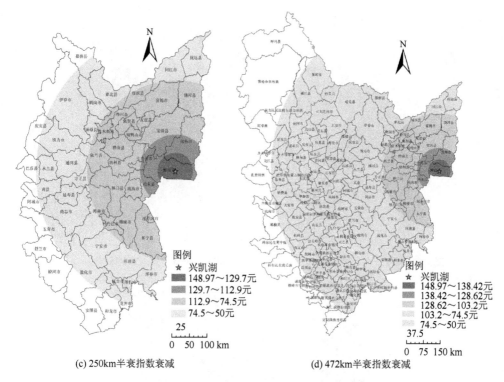

(c) 250km半衰指数衰减

(d) 472km半衰指数衰减

图 5-5 兴凯湖湿地旅游价值指数距离衰减结果

保护区，这些保护区同样拥有不同范围的经济管辖区，因此分布于这些保护区周边的各地区所接收的惠益和支付意愿则会主要集中于各地区相应湿地旅游的发展。

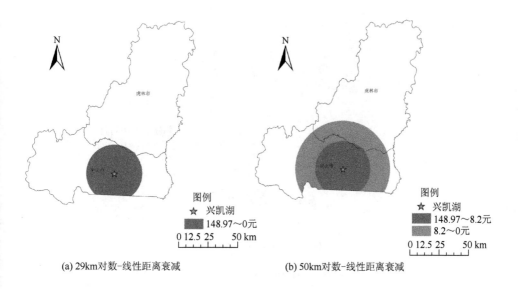

(a) 29km对数-线性距离衰减

(b) 50km对数-线性距离衰减

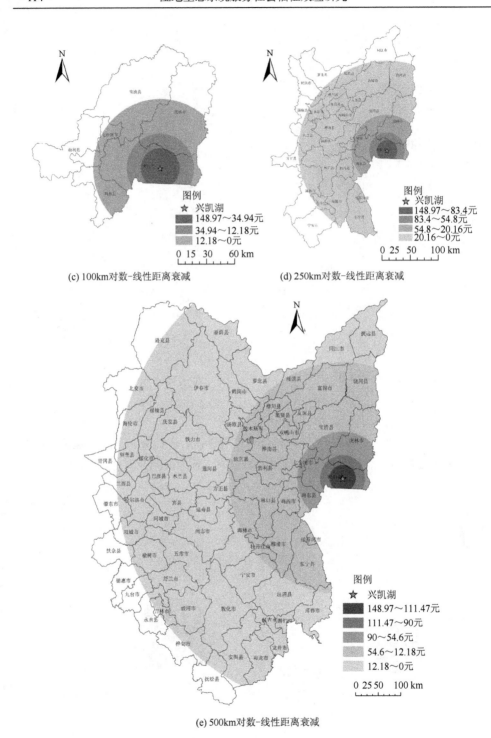

(c) 100km对数-线性距离衰减   (d) 250km对数-线性距离衰减

(e) 500km对数-线性距离衰减

图 5-6 兴凯湖湿地旅游价值对数-线性距离衰减结果

对于指数和对数-线性这两种距离衰减方式的比较，对数-线性距离衰减方式可能更适用于评价经济管辖区范围，而指数距离衰减方式则更适用于价值衰减过程的评价。本书在问卷设计过程中将最低的成本价格设定为 50 元，因此在兴凯湖湿地旅游指数距离衰减的评估中还对支付意愿半衰后衰减至 50 元的范围进行了模拟，位于半衰价格和最低价格之间的区域为可能或潜在的兴凯湖湿地旅游经济管辖区范围，随着兴凯湖湿地旅游品牌的不断打造和升级，这些地区可能在未来发展成为现实的兴凯湖湿地旅游经济管辖区。

（四）讨论

本部分的主要缺陷在于缺少详细的空间单元数据，目前国外的相关研究已发展至将人口普查区、邮政编码区等区域作为地理单元来研究生态系统服务价值距离衰减产生的空间差异，并分析在政治管辖区内的价值变化情况，而为证明兴凯湖湿地旅游服务价值并非局限在政治管辖区范围内，且在同一政治管辖区内的价值流不等，仅就支付意愿的距离衰减过程进行了空间表达。另外，本书还可以肯定的是，兴凯湖湿地旅游价值在人口密集地区的价值衰减过程会明显弱于人口稀少的地区，且价值总量会更高，并随着兴凯湖湿地旅游功能的进一步改善，经济管辖区范围会进一步扩大，人们从中获得的效用和利益也会逐渐提高。

第三节　三江平原湿地生物多样性保护价值评估

一、生物多样性保护支付意愿

湿地生态系统提供的生物多样性保护服务能够满足人类的各种物质和非物质需求，它既能为人类提供必要的植物产品、植物副产品、药材等直接物质，又能为人类提供教育、科研、旅游、土壤保持、涵养水源、污染物降解等多种直接或间接生态服务，具有十分重要的经济价值。在全球经济飞速发展的背景下，人类活动给湿地生态系统带来的干扰日益强烈，湿地生态系统不断遭到破坏的同时带来了其提供生物多样性保护能力的不断下降，不但影响了人类的基本生活条件，而且严重威胁着人类社会的生存与发展，因此，综合权衡经济发展与生物多样性保护已经成为当前社会可持续发展所面临的关键问题。湿地生态系统生物多样性保护价值评估的目的在于尽可能地量化生物多样性保护对于提高人类福祉的重要性，力图通过为决策者提供必要的相关信息来促进湿地生态系统保护与可持续利用等相关管理决策的制定。

生物多样性保护价值评估目前是国内外研究的热点之一，研究内容主要集中在静态分析和动态分析两种层面上，其中静态层面分析主要是通过价值评估来定量表达生物多样性保护产生的经济效益在全国或全球 GDP 产出中的所占比例，进而揭示其蕴涵的巨大经济价值（Costanza et al.，1997；欧阳志云等，1999；谢高地等，2003）；而动态层面分析主要是在静态分析的基础上，结合区域土地利用变化来评估生物多样性保护价值的相对变化情况并以此来衡量相应的利益得失，从而提高人类和社会的生态系统保护意识（Kreuter et al.，2001；王宗明等，2004；Setlhogile et al.，2011）。综合来看，以往的生物多样性保护价值评估均没有考虑自然资源稀缺性的不断增大给生物多样性保护边际价格带来的影响，而且存在对影响价值变化的因素考虑不周全、对价值动态变幅把握不及时等问题。为了提高三江平原湿地生态系统生物多样性保护价值评估结果的准确性与可靠性，应用 Hoel 和 Sterner 提出的福利函数模型，在综合考虑贴现率和生物多样性保护边际价格变化的同时，将影响价值变化的经济发展速率、生物多样性保护功能变化速率、收入边际效用弹性、替代弹性、人均支付意愿等多种因素纳入价值评估考量中，全面评估多重因素共同影响下的生物多样性保护价值变化情况，并通过价值评估结果揭示当前三江平原地区加强湿地生态系统保护的紧迫性及必要性。

（一）生态系统生物多样性保护发展状况

生物多样性包括遗传多样性、物种多样性、生态系统多样性和景观多样性四个层次（傅伯杰和陈利顶，1996）。在这四个层次中，景观多样性是景观水平上生物多样性的表达，是遗传多样性、物种多样性和生态系统多样性的基础，它不但构成其他层次生物多样性的背景，而且制约着它们的时空格局和演变过程，因此对一个地区的生物多样性变化起着决定性作用（李晓文等，1999）。本书利用三江平原湿地生态系统景观多样性的变化特征来反映生物多样性保护功能的综合变化。相关研究表明，三江平原不同地区的湿地景观多样性呈现出不同的波动变化规律，但总体上整个地区的景观多样性指数自 1965 年便以平均每年-0.92%的速率不断下降（刘红玉等，2004；刘红玉和李兆富，2006；刘殿伟，2006；刘红玉和李兆富，2007）。

"十一五"规划以来，黑龙江省为扭转湿地面积减少和功能退化的局面，不断加大湿地生态系统保护力度并相继实施了多个湿地保护恢复项目及湿地自然保护区建设项目，预计未来三江平原湿地生态系统生物多样性保护功能会随着湿地面积的不断恢复而得到逐渐提高。在本书初始计算时，首先将生物多样性变化速率的取值设定为-0.92%，而在最后的敏感性分析中分别假设此值保持不变和以0.5%的速率变化两种情况，以此来分析生物多样性保护功能在不断下降、保持不变和不断增长发展趋势下的价值变化情况。

（二）人均消费水平发展状况

随着三江平原地区经济的不断发展，该地区的人均消费水平一直处于持续增长中。根据《黑龙江统计年鉴》和《佳木斯经济统计年鉴》等统计资料显示，三江平原地区的人均消费水平大约以平均每年 11.2%的速率增长，这一数字基本与黑龙江省多年来的 GDP 平均增长率持平，然而考虑到近期国家经济发展目标的调整，加上未来三江平原地区经济发展协调性需求及 CPI（consumer price index，居民消费价格指数）涨幅情况，在后面的研究中将未来该地区的人均消费增长率设定为 8%。

（三）生物多样性保护人均支付意愿

湿地生态系统的生物多样性保护功能具有重要的经济价值，它在调节气候、保护土壤、涵养水源以及维持生态系统稳定等多方面发挥着重要作用，但由于生物多样性保护并没有像一般消费产品拥有成熟的市场环境，其价值往往是通过人们的支付意愿来加以揭示的（Carson et al.，2001）。本书将刘晓辉等于 2007 年进行的三江平原湿地生态系统生物多样性保护功能支付意愿调查结果作为研究基础来进行跨时期的生物多样性保护价值评估。当年的支付意愿调查是按照县级市、地级市和副省级市的向上扩大关系进行的，调查地点选择在洪河农场（地属同江市，佳木斯市下辖）、佳木斯市和哈尔滨市三个地区。调查结果表明，三江平原湿地生态系统生物多样性保护功能的平均支付意愿率为 77.48%，并最终将累计频度为 50%的中位值 82.6 元/（人·a）定为该地区湿地生态系统生物多样性保护功能的人均支付意愿值（吕宪国，2009）。在后面的研究中，以此价格为基础，分析未来100 年此价格在贴现率和边际价格变化综合影响下的价值变化情况，并通过对比传统贴现方法来揭示生物多样性保护所蕴涵的巨大经济价值以及湿地生态系统治理与保护相关决策制定的紧迫性。

二、研究方法

Hoel 和 Sterner 提出的福利函数模型是在总结大量环境问题成本利益分析的基础上提出的，模型突破了以往跨时期生态系统服务价值评估只考虑贴现因素的束缚，首次将经济飞速发展背景下自然资源稀缺性不断增大所导致的生态系统服务边际价格变化引入价值评估模型中，同时分析了关键技术参数变化对模型的影响。模型的应用便于决策者对比不同决策方案在维护和提高生态系统服务供给方面的有效性以及存在的缺陷，因此一经提出便在全球气候变化成本利益分析和温室气体减排的决策分析中得到了广泛应用（Dasgupta，2008），同时有一些学者在生物多样性保护（Atkinson et al.，2012）、不可再生资源的可持续生产方式（Schilling and Chiang，2011）以及交通运输环境效应分析（Beekman，2011）等领域对此模型的应用进行了尝试。

在福利函数模型中，贴现率和服务边际价格变化是影响价值评估结果的两个直接因素，从贴现率和服务边际价格变化的公式推导出发，分析影响价值变化的各相关要素，估算各因素综合影响下的生物多样性保护价值变化情况，并对各参数变化对价值评估结果可能产生的影响进行详细分析。

贴现是衡量未来生态系统服务成本利益当前价值的一种方法，价值评估时采用的贴现率不但直接影响评估结果，而且涉及福祉在代际的分配等问题，因此是许多跨时期的生态系统服务价值评估的核心所在。贴现方法的经济合理性主要包括两个方面：一是社会的时间偏好，即人们通常希望能够尽早地通过消费增长来提高当前的福祉状况；二是资金的机会成本，即人们倾向于将资金投入价值更高的选择中（Letson and Milon，2002）。

在成本利益分析的福利函数模型中通常用目标函数 W 来衡量一定时期内人类从消费中获得的总福祉：

$$W = \int_0^T e^{-\rho t} U(C(t)) \mathrm{d}t \qquad (5\text{-}1)$$

其中，$C(t)$表示在 t 时刻的消费；U 为效用函数，$U(C)$表示人类从消费中获得的福祉；ρ 为时间偏好率，表示福祉在代际分配的社会偏好程度，其值越接近于零表示福祉在代际的分配越平等，值越大表示赋予当代人的权重越高。前面提到，由于人们倾向于较早地通过消费增长来提高福祉状况，所以进行生态系统服务成本利益分析时通常认为 $\rho > 0$，但由于较高的 ρ 值往往会造成生态系统服务价值的低估以及会影响有效环境保护措施的制定，所以出于对我国居民消费时间偏好性的考虑以及兼顾福祉在代际的平等分配的原则，将 ρ 的取值设定为 0.01（贺菊煌，1998）。

效用函数 $U(C)$是一个凹函数，其一般形式为

$$U(C) = \begin{cases} \dfrac{C^{1-\alpha}}{1-\alpha}, & \alpha > 0 \text{且} \alpha \neq 1 \\ \ln C, & \alpha = 1 \end{cases} \qquad (5\text{-}2)$$

其中，α 为收入边际效用弹性，也称为不公平厌恶系数，是效用函数的曲率。从 $U(C)$的表达式可知，随着消费的增长，单位收入的边际效用将逐渐减小，也就是说 α 值越大，赋予当代人消费的权重越高，当代人从消费中获得的福祉越大

（Sterner and Persson，2008）。

将目标函数 W 两端对时间 t 进行微分并结合效用函数的表达式便可以推导出传统贴现率的表达式，即

$$r(t) = \rho + \alpha g_C(t) \tag{5-3}$$

其中，$r(t)$ 又称为拉姆齐贴现率；g_C 为人均消费增长率。

通常情况人均消费水平的不断增长在经济增长的带动下产生，对于未来的经济增长，学者认为可能是由某些部门（一般消费产品部门）的经济增长带动的，而对于其他一些部门，尤其是那些依赖于有限自然资源进行经济生产的部门（生态系统服务部门），由于自然资源稀缺性的不断增大，其提供产品和服务的能力可能会出现增长相对缓慢、不增长甚至倒退的现象，因此在进行跨时期的生态系统服务价值评估时，就必须对一般消费产品（C）和生态系统服务（E）进行区分（Bateman et al.，2011）。在此福利函数模型中，人类福祉便是从一般消费产品和生态系统服务的消费中获得的。这样目标函数（5-1）和效用函数（5-2）的表达式相应变为

$$W = \int_0^\infty e^{-\rho t} U(C, E) \mathrm{d}t \tag{5-4}$$

和

$$U(C,E) = \frac{1}{1-\alpha} \times \left[(1-\gamma)C^{1-\frac{1}{\sigma}} + \gamma E^{1-\frac{1}{\sigma}} \right]^{\frac{\sigma(1-\alpha)}{\sigma-1}} \tag{5-5}$$

其中，σ 为替代弹性，表示一般消费产品与生态系统服务之间的可替代程度，其含义是如果生态系统服务的价格增加 1%，那么用于生态系统服务的消费将减少 σ%（Gerlagh and Zwaan，2002）；γ 为当前（$t=0$）人类从生态系统服务中获得的福祉份额，且有参数 γ^*，并存在

$$\gamma^* = \frac{\gamma E^{1-\frac{1}{\sigma}}}{(1-\gamma)C^{1-\frac{1}{\sigma}} + \gamma E^{1-\frac{1}{\sigma}}} \tag{5-6}$$

它表示随着 C 和 E 的不断变化，人类在不同阶段从生态系统服务中获得的福祉份额。

通过式（5-4）～式（5-6）便可推导出进行跨时期生态系统服务价值评估时的贴现率表达式，即

$$r = \rho + \left[\alpha(1-\gamma^*) + \frac{1}{\sigma}\gamma^* \right] g_C + \left[\gamma^* \left(\alpha - \frac{1}{\sigma} \right) \right] g_E \tag{5-7}$$

其中，g_E 为生态系统服务变化率。

以往的生态系统服务价值评估都忽略了未来自然资源稀缺性的逐渐增大所带来的服务边际价格变化对价值的影响，从而导致评估结果的不准确，因此在进行跨时期的生态系统服务价值评估时，不仅要将服务的未来价值进行贴现计算，而且要考虑服务的边际价格变化，即要按照服务未来的真实价格进行计算。

通常生态系统服务的真实价格通过下式来进行估算，即

$$V_t = V_0(1+p)^t \tag{5-8}$$

其中，V_0 为服务的当前价格；p 为价格变化速率，p 的计算方法为

$$p = \frac{\dfrac{\mathrm{d}}{\mathrm{d}t}\left(\dfrac{U_E}{U_C}\right)}{\dfrac{U_E}{U_C}} = \frac{1}{\sigma}(g_E - g_C) \tag{5-9}$$

其中，U_E、U_C 分别表示效用函数对 E 和 C 的偏导数。

通过式（5-7）和式（5-9）就可得到贴现率和边际价格变化的综合效应表达式，即

$$R = r - p = \rho + \left[(1-\gamma^*)\left(\alpha - \frac{1}{\sigma}\right)\right]g_C + \left[\gamma^*\alpha(1-\gamma^*)\frac{1}{\sigma}\right]g_E \tag{5-10}$$

最后便可得到跨时期生态系统服务价值评估的最终表达式：

$$V = V_0(1+R)^{-t} \tag{5-11}$$

三、生物多样性保护价值趋势分析

（一）影响生物多样性保护价值的各参数变化过程

为了研究 C 和 E 在不同发展速率下所带来的贴现率与边际价格变化情况，本书模拟人均消费水平以 8%速率增长，生物多样性保护功能以−0.92%速率发展下的各参数变化过程，且在模拟时将收入边际效用弹性 α 值设定为 1，替代弹性 σ 值设定为 0.5，生物多样性保护服务所支持的人类福祉份额的初始 γ 值设定为 5%。各参数变化过程的模拟结果见图 5-7。

如图 5-7 所示，传统的拉姆齐贴现率在给定的边际效用弹性和替代弹性条件下为一常数 0.09，而通过模型计算得到的贴现率则从 0.0938 逐渐增加到 0.1639，虽然此变化范围要大于拉姆齐贴现率，但其效应直接被−17.84%的生物多样性保护边际价格变化所抵消，并由此产生了从初始−0.0846 逐渐增加到 0.0145 的综合效应。由此可见，当将服务的边际价格变化纳入跨时期的价值评估时，其与贴现

率产生的综合效应要远低于传统计算所使用的拉姆齐贴现率。

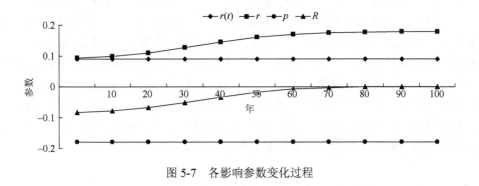

图 5-7　各影响参数变化过程

（二）价值趋势预测

对比分析传统贴现方法和考虑贴现率与服务边际价格变化综合效应影响下的生物多样性保护价值变化过程，结果如图 5-8 所示。

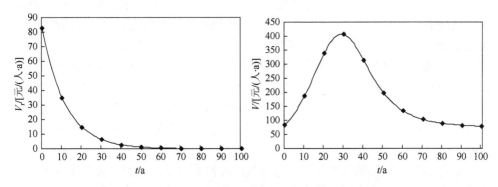

图 5-8　两种贴现方法下的生物多样性保护服务价值曲线

传统贴现方法得到的生物多样性保护价值曲线 V_r 呈现不断下降趋势，100 年的价值总量为人均 1000.2 元；在考虑生物多样性保护边际价格变化和贴现率综合影响下得到的价值曲线 V 呈现出先上升再下降的变化趋势，曲线波动的主要原因是在初始阶段服务边际价格变化的效应较强，导致价值曲线在初期呈现上升趋势，而后随着贴现率的不断增大同时边际价格变化效应的相对减弱，曲线便呈现出了逐渐下降的趋势。此价值曲线评估得到的生物多样性保护价值从初始的82.6 元/（人·a）逐渐增大到 29 年后的最大值 407.6 元/（人·a），而后又逐渐下降到 78.6 元/（人·a），生物多样性保护价值总量为人均 19 438.9 元。结果表明，模型评估的生物多样性保护价值总量是传统方法下得到的价值总量的近 20 倍，模型不但揭示出了生物多样性保护所蕴涵的巨大经济价值，而且由供需原理可知（沈满洪，2008），在生物多样性保护服务供给不断递减的背景下，对于该服务需求的递增将导致其价格的大幅度上升，这也进一步说明生物多样性保护服务稀缺性的提高将不断增大人们对于该服务的支付压力。此外，曲线的变化趋势也能够有效反映出湿地生态系统治理的成本支出变化状况，变化趋势说明三江平原湿地生态系统的治理与恢复应尽早进行，以避免不断增加的治理成本，而如果在峰值出现后进行治理，对于湿地生态系统本身则可能已经超过了其生态阈值，从而将导致未来的湿地环境改善现值无法弥补湿地破坏成本支出的结果。

（三）收入边际效用弹性及替代弹性的影响分析

收入边际效用弹性及替代弹性的取值对贴现率和边际价格变化有显著影响，进而影响生物多样性保护价值评估结果，分析不同收入边际效用弹性和替代弹性条件下的贴现率与边际价格变化情况，并通过计算结果分析各参数变化可能对价值评估结果产生的影响。

收入边际效用弹性 α 的取值在学术界存在一定的争议，这是因为 α 值不但影响价值评估结果而且涉及处理环境问题的时间性问题，为此在初始计算的基础上，又分别分析了 $\alpha=1.5$ 和 $\alpha=2$ 两种情况下贴现率与边际价格的相应变化情况；对于替代弹性 σ，有学者认为生态系统服务与一般消费产品之间存在较强的不可替代性，但同时也有学者认为，生态系统服务的替代弹性对于高收入人群可能较大，而对于入低收入人群这种替代性往往较小（Gowdy，2005）。鉴于替代弹性取值存在较大的不确定性，探讨了 0.1～0.9 的替代弹性变化对贴现率和边际价格变化的影响。

如表 5-9 所示，贴现率随收入边际效用弹性的增大而增大，随替代弹性的增大而减小，而边际价格变化则只受替代弹性的影响，且随着替代弹性的增大显著减小，相应地，贴现率与边际价格变化的综合效应也随着各参数的增大而增大，各参数取值的逐渐增大将导致生物多样性保护价值评估结果逐渐降低。参数的变化结果对相关决策的制定具有一定的指导性，首先，由于人均消费水平是不断提高的，在价值评估时设定的收入边际效用弹性越大则赋予当代人的权重越高，相应赋予未来的权重就越低，因此价值评估结果也就越不支持湿地生态系统恢复与治理相关决策的制定；其次，较高的替代弹性条件下得到的价值评估结果同样不支持当前湿地生态系统保护决策的制定，这是因为生物多样性保护功能如果能够轻易代替，生物多样性保护功能的丧失就可以从其他消费产品的消费中弥补，这种情况下就不会对湿地生态系统进行积极的恢复和治理。

表 5-9 不同收入边际效用弹性和替代弹性条件下的各参数变化结果

收入边际效用弹性 α	拉姆齐贴现率 $r(t)$	替代弹性 σ	贴现率 r	边际价格变化 p	综合效应 R
1	0.09	0.1	0.130	0.892	−0.762
1	0.09	0.3	0.100	0.297	−0.197
1	0.09	0.5	0.094	0.178	−0.084
1	0.09	0.7	0.091	0.127	−0.036
1	0.09	0.9	0.090	0.099	−0.009
1.5	0.13	0.1	0.167	0.892	−0.724
1.5	0.13	0.3	0.138	0.297	−0.158
1.5	0.13	0.5	0.132	0.178	−0.046
1.5	0.13	0.7	0.130	0.127	0.002
1.5	0.13	0.9	0.128	0.099	0.029
2	0.17	0.1	0.206	0.892	−0.686
2	0.17	0.3	0.176	0.297	−0.121
2	0.17	0.5	0.170	0.178	−0.008
2	0.17	0.7	0.167	0.127	0.040
2	0.17	0.9	0.166	0.099	0.067

（四）敏感性分析

鉴于三江平原湿地生态系统未来发展状况的复杂性及不确定性，在这一部分分析中，分别模拟生物多样性保护功能以降低、不变和增长发展速率下的价值变化过程，模拟结果如图 5-9 所示。

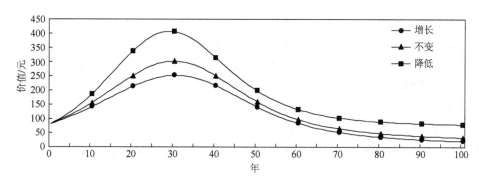

图 5-9 不同生物多样性保护功能发展速率下的价值变化对比

不同生物多样性保护功能发展速率下的价值曲线呈现出不同的波动变化，表现出随着生物多样性保护功能发展速率的逐渐提高，价值曲线的波动幅度逐渐降低。这说明尽快扭转三江平原湿地生态系统不断破坏的局面将有效降低人们对于该服务功能的支付压力，从而在保持三江平原地区经济快速发展的同时兼顾湿地生态系统的可持续利用，进而不断提高社会的协调发展能力和整体福祉状况。

（五）讨论

应用 Hoel 和 Sterner 提出的福利函数模型对三江平原湿地生态系统生物多样性保护价值进行了评估，由于模型中贴现率和边际价格变化是影响价值评估结果的两个最主要因素，所以影响这两个因素变化的各参数值设定就成为模型应用的技术关键。本书中的各参数是在以往三江平原地区相关研究基础上进行计算设定的，同时假设了经济增长速率和生物多样性保护功能支撑的人类福祉份额等参数的取值，由于各参数取值难以做到精准，所以本书针对不同参数取值对价值评估结果的影响进行了分析，结果在肯定模型在进行价值评估时的准确性和可操作性的同时也证明了模型在应用于不同地区或领域的生态系统服务价值评估时所具有的普遍适应性。

模型预测分析了未来三江平原湿地生态系统可能发生的多种变化轨迹，揭示了不同发展路径下的生物多样性保护价值动态过程，评估结果便于决策者对比衡量不同决策方案实施后的相应利弊得失从而以此来强调当前的发展侧重点，对决策的制定具有一定的现实指导意义。本书以研究区景观多样性的变化来侧面反映生物多样性保护功能的变化情况可能存在一定的不合理性，然而由于其反映的是一种潜在的变化趋势，对于模型应用的实现是可行的。不同生态系统服务功能演变的评估方法和指标的选取不尽相同，两者的恰当选择将有助于进一步提高价值评估结果的准确性。

生物多样性保护功能所支撑的人类福祉份额难以量化，此参数的初始值假设是模型存在的不完善处之一，未来将对该参数的量化方法进行深入研究。此外，本书没有对不同经济增长速率的情景进行探讨，这是因为虽然经济发展速率同样存在不确定性，但是经济发展是持续增长的，而且至少在未来一段时间内不会出现经济不发展或经济倒退的现象。

第四节　白洋淀湿地生态系统服务价值评估

一、白洋淀湿地生态系统演变过程

白洋淀湿地地处华北平原中部，是华北地区最大的淡水湖泊湿地，拥有"华北明珠"的美称，行政区隶属保定市的安新县、雄县、容城县、高阳县和沧州市的任丘市，在水源供给、水产品供给、气候调节、水土涵养、生物多样性保护等诸多方面蕴涵着巨大的生态优势。

白洋淀湿地生态系统保护、白洋淀湿地生态系统服务的可持续利用对于白洋淀生态廊道建设具有重要意义，将为雄安新区的建设增添绿色发展动力。然而，由于气候条件的不断变化和社会经济的快速发展，白洋淀湿地生态系统的演变过程呈现出了持续退化的趋势，并长期面临着严重缺水的问题，带来了水源不足、水质污染、生物多样性减少等一系列生态环境问题。

纵观白洋淀湿地生态系统的演变过程，如图 5-10 所示，在 1964~2007 年的 40 多年内，白洋淀湿地面积从 346.75km^2 退化至 37.36km^2，退化率高达 89%，湿地面积占流域面积的比例也从近 96%下降到大约 10%。1964~1974 年是白洋淀湿地面积退化的最快阶段，湿地面积从 346.75km^2 快速减少到 94.65km^2。白洋淀流域以农业生产为主，农业用水量比例较大，面源污染较为严重，加上一系列水利工程的高强度建设，地下水的长期开采，人口的快速增长，这些都导致湿地面积的快速减少。近年来，尽管白洋淀湿地面积的衰退速率在不断降低，且在 1987~1999 年，湿地面积出现了一定程度的增加，但并没有扭转这一持续退化的趋势。白洋淀流域长期存在水资源短缺的问题，自 1996 年，白洋淀先后采取上游水库补水、黄河应急性补水等措施，当前引黄入冀济淀工程的建设目的也在于缓解白洋淀流域长期面临的缺水压力。

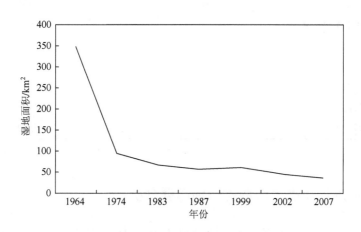

图 5-10　白洋淀湿地生态系统演变过程

二、研究方法

生态系统服务价值当量是诸多学者进行生态系统服务价值评估时采纳的评估依据，这种方法通常称为效益移转（benefit transfer）法，计算时通过单位面积的生态系统服务价值乘以该生态系统面积来计算生态系统服务总价值（Costanza et al.，1997）。此方法与 GDP 的计算方法类似，因此通过该方法统计不同国家和地区的自然资产价值，目的就在于促进自然资产账户的建立（Howarth and Farber，2002）。尽管该方法在应用时存在较多的争议，但能够清晰地表征生态系统服务价值的变化过程，并便于不同国家和地区之间进行横向比较，明确自然生态系统保护与自然资源利用方面存在的问题。

Costanza 等（1997）在进行全球生态系统服务与自然资产价值评估时，提出了全球的生态系统服务价值当量，并针对湿地生态系统提出了 10 项生态系统服务的单位面积价值；谢高地等（2003）基于 Costanza 等的研究，在对青藏高原资产进行价值评估时提出了中国陆地生态系统单位面积生态系统服务价值当量，其中包括 9 项不同的湿地生态系统服务，如表 5-10 所示。在进行湿地生态系统服务价值当量转化时，利用 CPI 将价值当量转化为 2015 年单位面积人民币价格。另外，为方便进行对比分析，将全球湿地生态系统服务中娱乐与文化价值合并。

表 5-10　湿地生态系统服务价值当量（单位：元/km^2）

湿地生态系统服务	全球	中国
气体调节	52.51	53.06
气候调节	1792.24	504.14
水源涵养	1506.36	456.97
土壤形成	0	50.41
废弃物处理	1649.3	535.98
生物多样性保护	120.04	73.71
食物生产	101.08	8.85
原材料供给	41.85	2.06
娱乐文化	574.51	163.62

三、白洋淀湿地生态系统服务价值总量分析

根据白洋淀湿地生态系统的变化过程及全球和中国的湿地生态系统服务价值当量，分析白洋淀湿地生态系统服务价值在不同时间点上的价值总量，计算结果如表 5-11 和表 5-12 所示。结果表明，采用两种价值当量计算方法得到的白洋淀湿地生态系统服务价值总量均呈现出了大幅度的下降，分别从 2.02×10^{10} 元下降到 2.18×10^9 元，以及从 6.41×10^9 元下降到 6.91×10^8 元。湿地生态系统服务价值总量的下降过程与白洋淀湿地生态系统的演变过程同步，说明随着白洋淀湿地生

态系统面积的不断缩小，其所具备的提供各项湿地生态系统服务的功能也在不断降级。

表 5-11　基于全球价值当量的白洋淀湿地生态系统服务价值（单位：10^6 元）

湿地生态系统服务	1964 年	1974 年	1983 年	1987 年	1999 年	2002 年	2007 年
气体调节	182.10	49.71	35.33	30.36	32.14	24.61	19.62
气候调节	6 214.58	1 696.35	1 205.64	1 036.27	1 096.85	839.84	669.58
水源涵养	5 223.31	1 425.77	1 013.33	870.98	921.89	705.88	562.78
废弃物处理	5 718.94	1 561.06	1 109.48	953.62	1 009.37	772.86	616.18
生物多样性保护	416.22	113.61	80.75	69.40	73.46	56.25	44.85
食物生产	350.50	95.67	68.00	58.45	61.86	47.37	37.76
原材料供给	145.13	39.62	28.16	24.20	25.61	19.61	15.64
娱乐文化	1 992.11	543.77	386.47	332.18	351.60	269.22	214.64
总经济价值	20 242.89	5 525.56	3 927.16	3 375.46	3 572.78	2 735.64	2 181.05

表 5-12　基于中国价值当量的白洋淀湿地生态系统服务价值（单位：10^6 元）

湿地生态系统服务	1964 年	1974 年	1983 年	1987 年	1999 年	2002 年	2007 年
气体调节	184.01	50.23	35.70	30.68	32.48	24.87	19.83
气候调节	1748.10	477.17	339.13	291.49	308.53	236.24	188.35
水源涵养	1584.55	432.52	307.40	264.22	279.67	214.14	170.72
土壤形成	174.81	47.72	33.91	29.15	30.85	23.62	18.83
废弃物处理	1858.52	507.31	360.56	309.90	328.02	251.16	200.24
生物多样性保护	255.58	69.76	49.58	42.62	45.11	34.54	27.54
食物生产	30.67	8.37	5.95	5.11	5.41	4.15	3.30
原材料供给	7.15	1.95	1.39	1.19	1.26	0.97	0.77
娱乐文化	567.37	154.87	110.07	94.61	100.14	76.67	61.13
总经济价值	6410.76	1749.90	1243.69	1068.97	1131.47	866.36	690.71

从不同类别湿地生态系统服务价值结果来看，由食物生产和原材料供给两项服务构成的供给服务的价值总量最低，由气候调节、气体调节、水源涵养、废弃物处理四项服务构成的调节服务的价值总量最高，由土壤形成和生物多样性保护两项服务构成的支持服务与娱乐文化构成的文化服务在价值总量上较为接近。

本次所评估的白洋淀湿地生态系统服务价值除供给服务外，其他服务完全处于市场体系之外，这说明，白洋淀湿地生态系统利用虽然能够带来显著的直接经济利益，但该部分仅占总经济价值的极小部分，相比较而言，其提供的无形的、不具备市场环境的生态系统服务所蕴涵的经济价值更高。这说明在白洋淀湿地生态系统开发利用过程中，应充分重视白洋淀湿地生态系统在促进区域小气候形成、水文控制、污染物净化、生物多样性保护、娱乐等方面具备的功能，从而成为白洋淀流域以及雄安新区的建设和发展过程中缓冲来自环境污染、气候变化、人类活动等多方面压力的生态屏障。

需要说明的是，本次价值评估适用的价值当量分别是全球尺度和全国尺度的，因此当应用到白洋淀湿地生态系统服务价值评估时，会存在价值转移过程中没有考虑地区自然条件背景、社会发展条件、人口差异等问题。白洋淀湿地生态系统服务具有其独有的区域特色，本次评估旨在通过其价值变化过程来反映白洋淀湿地生态系统在其开发利用过程中为社会经济发展创造出的多样化机会，以及当前白洋淀湿地生态系统亟待保护与恢复的局面。

除了上述白洋淀湿地生态系统服务价值评估结果涉猎的各项服务，白洋淀湿地生态系统还具备均化洪水、教育科研等方面的价值。另外，在其价值构成中，还蕴涵着存在价值和遗产价值。因此可将本次价值评估结果作为白洋淀湿地生态系统服务总价值的下限，随着未来白洋淀湿地资源开发更加合理与持续，其生态系统服务价值总量将会进一步提升。

第六章　湿地生态系统服务可持续管理对策及建议

第一节　建立以市场为导向的湿地生态系统管理机制

一、明晰湿地资源产权

　　湿地生态系统服务的不断退化和降级是强烈的、持续不断的人类活动干扰造成的。长期以来，由于在市场和政策上的失效，人们普遍将湿地开发的短期利益和局部利益凌驾于长期利益和社会整体利益之上，因此造成当前湿地生态系统各项功能不断下降和湿地资源日益稀缺的局面。建立以市场导向为原则的湿地生态系统管理机制能够保证湿地资源的开发依据市场需求来进行，以加快推进湿地资源纳入市场经济轨道的步伐，从而不断促进湿地资源的可持续利用。

　　随着我国社会经济的不断发展，社会对于湿地生态系统服务的需求不断提升，湿地生态系统服务价值也随着湿地资源稀缺性的不断增加而增大。在这种趋势的发展和激励下，经济主体就拥有了清晰界定湿地资源产权、通过市场手段配置湿地资源的推动力。

　　在我国，湿地资源市场是一个公私产权的混合市场，国家享有湿地资源的所有权和支配权，而地方享有湿地资源的使用权和收益权。各地方出于自身发展需求来协调湿地资源保护与利用之间的关系，以获取经济、社会和生态效益。由于我国采取的是多部门管理的湿地管理体制，例如，国家林业局负责组织协调全国湿地保护和有关国际公约的履行工作，农业部负责指导宜农滩涂、宜农湿地的开发利用工作，水利部负责统一管理湿地水资源，国土资源部负责组织编制和实施国土规划、土地利用总体规划、统一指导土地开发利用，环境保护部负责监督检查湿地环境保护工作等，这就直接导致对湿地生态系统整体性的破坏，加上各部门各自为政、各行其是，在各自管理职权范围内制定符合自身最大利益的法律法规，造成我国湿地资源的可持续利用和管理面临重重困境。

　　由于缺乏有效的协调沟通机制，湿地保护及利用粗放、政出多门、条块分割严重等问题普遍存在。产权的不明确是长期制约我国湿地资源可持续管理的主要原因，也直接导致对湿地资源的无序开发和无偿索取。以洪河国家级自然保护区和三江国家级自然保护区为例，虽然在两个自然保护区内都成立了国家级自然保护区管理局，但行政管理仍隶属于当地政府，管理局业务仅以动植物保护和研究以及湿地自然保护区监管为主，没有土地所有权和资源保护的行政执法权力，各部门之间的互相牵制、各自为营、权责不一的现象直接影响了管理效果。

湿地资源的可持续利用需要明晰的产权制度来加以保证，这样就能够保障经济行为主体之间的交易活动有效解决外部不经济性问题，否则就会不断加重湿地资源的滥用以及个人或群体在资源利用方面的冲突和摩擦。法律是界定湿地产权的主要依据，完善湿地保护的法律体系能够保证湿地管理的稳定性、预见性、强制性和公平性，也能够使各方在明确自身的产权界区和权责范围的条件下发挥最大的能动性，增强各方协调沟通力度，有效分配资源，促进湿地资源的可持续利用。为此，建议建立湿地资源的协调管理机制，成立合作管理机构，细化各相关部门职责，依托于湿地所在的行政区域最高权力机构，发挥优势，充分调动各部门积极性，以实现对湿地资源的跨部门综合管理。

二、推进湿地资源市场经济模式

湿地资源市场同其他市场一样，由两级市场活动主体构成。国家作为湿地资源的所有者、供给者负责将湿地资源提供到自然资源市场上，而企业作为需求方来购买湿地资源的使用权和经营权。两者是买者与卖者、供给与需求之间的关系。

首先，推进湿地资源的市场化应该推进湿地资源所有权的市场化，这样能够有效地消除湿地资源产权界定时的政府失灵问题。湿地资源产权需要委托给多个代理机构去行使，但由于各级代理都秉持着不同的行为和利益目标，随着中间环节的逐渐增多，利益目标差异也会逐渐增大，也就容易导致对湿地资源公共产权主体和所有人利益的背离，出现政府失灵的现象。为此，应当积极引入代理竞争机制，将湿地资源保护纳入各级政府绩效考核指标体系，用湿地生态系统服务价值变化来评估各级代理的湿地资源保护绩效，这样就能够保证各级代理都面临湿地资源保护的压力，有效解决将发展目标凌驾于湿地保护目标之上的问题。其次，推进湿地资源市场化还应该推进湿地资源使用权和经营权的市场化。在实行湿地资源所有权市场化的同时，明确界定和划分湿地资源的使用权与经营权，引入民营企业、外资企业等非国有型企业参与湿地资源产品的经营和竞争，使国有企业从部分湿地资源的经营领域中退出，从而形成多元化的湿地资源经营制度。

三、建立湿地生态补偿和税收制度

湿地生态补偿和税收制度的建立都是湿地资源可持续利用过程中可采取的经济手段与政策工具，具有经济效率高、风险小、与市场机制紧密结合、确保财政收入稳定等特点，目的在于调节湿地资源开发与保护过程中相关方之间的利益关系，拓宽湿地资源保护资金筹集渠道，以及纠正政府失灵、市场失效等问题。

目前，在我国部分地区虽然已经开展多个湿地保护与恢复生态工程的投资和建设，但由于自然保护区数量较多，地方财政经费紧张，国家资金也仅能够保障国家级自然保护区的办公设施，因此资金的投入还远不能满足湿地保护的需求，仍需要多元化的资金来源渠道。湿地生态补偿是政府筹集资金、缓解湿地资源保护投入不足问题的主要方法，也是为因生产、生活资源被占用而不得不放弃原有生活方式的百姓创造新的生存和发展机会的主要路径。湿地生态补偿制度的建立和不断完善能够引导人们正确认识湿地生态系统服务的经济价值，促进相关者之间的利益平衡，以及汇集全社会力量参与到湿地保护行动中。

税收是对破坏生态环境的行为予以控制，将经济活动的外部成本内部化的经济手段。湿地资源税的征收不仅是取得财政收入的一种形式，而且能够起到全面保护湿地、提高湿地资源利用效率的作用。目前我国资源税的征税范围还只包括矿产品和盐两大类，而对包括湿地资源在内的大部分非矿藏品资源都没有征税。随着三江平原湿地资源越来越稀缺，其"钻石效应"也变得越发显著，即人们对于湿地资源的需要已不仅仅局限于其固有的消费功用，而在于其蕴涵的巨大经济价值。在这种趋势下，税收便可以通过影响湿地生态系统的成本和收益来引导行为主体进行行为选择，以达到湿地资源可持续利用和管理的目的。另外，即使对湿地资源征税会提高湿地生态系统服务的边际价格，降低消费者的消费量，但仍然能够保证湿地资源总价值维持不变。因此，就社会发展而言，显然不会蒙受任何效用上的损失，同样不会产生任何税收负担；而就政府而言，从湿地资源保护效率方面来看，也应尽量征收这一类无负担成本税收，同时配合在所得税和财产税等方面作出相应调整，以兼顾公平的目标。

第二节　完善湿地生态系统保护公众参与制度

一、完善湿地生态系统信息公开制度

湿地生态系统管理中的公众参与是指公众有权通过一定的程序或途径参与湿地利益相关的决策制定，从而使社会不同利益团体的价值观和利益诉求能够较为合适地在公共决策的制定中存在与表达，使公民的民主权利得以体现。目前，我国湿地资源保护的公众参与还没有实现制度化与法律化。主要表现如下：公众参与湿地资源保护还仅仅停留在表面；公众没有参与湿地保护与可持续利用的预测和决策过程；公众没有参与湿地保护与可持续利用各项制度的实施过程；公众没有参与湿地科学技术的研究、示范和推广工作；公众没有参与湿地保持与可持续利用中出现的纠纷的调解工作等。上述这些问题表明，我国湿地保护的公众参与机制的建立与执行还停留在表面，仍需要系统的、全方位的科学信息来指导公众参与制度的逐步构建。

信息的公开是公众获得湿地生态系统服务的根本保障，无公开透明的信息获取渠道，就无公平公正的收益权可言，因此当前我国湿地资源信息公开制度存在的缺陷亟待解决。

完善湿地资源信息公开制度首先要做到政府信息公开，首先要向公众公开湿地环境质量状况、湿地资源保护法律法规、湿地开发利用规划、核实的公众对湿地开发问题的信访、投诉案件及处理结果等信息。其次要做到企业环境信息公开，这主要是对于拥有湿地资源开发和经营权利的企业信息的公开，包括企业在湿地开发过程中的湿地资源消耗量、采取的湿地资源保护方式、可能产生的污染物种类和排放量、污染物排放标准、污染物治理投资、湿地破坏行为和处罚方式、湿地保护目标等信息。公开方式既可以通过报纸、广播、电视等媒体渠道，也可以通过印制宣传教育手册、编写环境质量公报、网上信息公开进行。

二、完善湿地生态系统保护立法公众参与制度

目前我国尚缺少对公众参与环境保护相关法律法规制定过程中参与标准、参与方式以及参与内容的规定，湿地生态系统保护相关法律法规的制定过程也缺少公众参与立法的实践工作。

扩大公众参与立法程度和增强立法透明度是提高湿地生态系统保护法律法规质量的必然要求与重要环节，有利于实现政府与公众之间的双向交流，提高公众对法规制定的理解和认同，最大限度地发挥公众参与湿地资源可持续管理的作用，且在法规实施阶段公众不但可以主动配合执法机关执法，还可以监督执法机关的执法活动，防止立法权被少数人寻租，遏制不正当的利益法制化，实现公众与政府利益双赢的局面。今后在不断完善湿地资源保护立法公众参与制度的过程中应主要从以下几方面进行重点突破：建立湿地资源保护立法公众参与制度，保障公众与社会组织等参与政府立法的权利和义务；建立信息反馈制度，对来自社会对湿地资源开发和利用的意见做到公开反馈并说明采用与否，保障公众参与立法的实效；建立责任追究制度，对决策严重失误或者依法应该及时做出决策但久拖不决造成重大损失和恶劣影响的政府机构与相关责任人员要追究相关法律责任。

三、完善湿地生态系统保护行政公众参与制度

随着社会的发展，我国的行政程序已经逐渐由行政机关对相对人的二元关系

向行政机关对相对人、利益相关人和社会公众的多元关系发展。而随着公众参与程度和需求的不断提高，构筑互相协商、互相合作的行政管理机制已经成为我国行政变革的基本趋势。完善湿地资源保护行政公众参与制度意味着能够增加公众与行政人员接触的机会，便于公众对湿地资源管理部门的行政行为提出建议和意见以及获得反馈信息，并直接有效地影响行政处理结果。

行政行为从本质上来讲是一种服务行为、便民行为，是一种能给民众带来利益和恩惠的行为，强调的是配合与参与、合作与互动。行政主体在实施行政行为时只有充分信任公众，才能将行政活动向公众开放，才能使行政民主化，公众才会有参与的机会，才会有合作的可能。同样，公众只有充分信任行政主体，才能获得行政主体更多的服务，才能维持自己与行政主体间和谐互动的关系，才能保障行政的权威和效率。因此，基于服务的理念，行政机关才能转变工作模式，调整工作重心，增进双方服务与合作的积极性，减少对抗和摩擦。

湿地资源保护行政公众参与制度的完善首先应当从建立规范的培训项目开始，让公众深刻认识到湿地生态系统保护与自身利益的相关性，通过提高公众参与的意识来增强公众对行政机关工作的理解和支持。其次要鼓励公众发挥主观能动性，依法主张权利，主动参与行政程序的运作，大力推行公众定期为行政机关工作打分或进行评选的机制，并将其与行政机关工作人员的待遇挂钩，不断增强公众在湿地保护行动中的民主、法治和参与意识。

第三节　提高对湿地生态系统的可持续管理

一、控制湿地排水疏干及填充活动

排水疏干和湿地填充是最具破坏性的人类活动，而农业开发和城市发展是其中的主要威胁。这些活动在进行时通常不会进行如环境评价或成本利益分析等相关评估工作，因此不会把湿地生态系统的长期利益考虑其中。为此，对于今后可能对湿地生态系统完整性造成破坏的湿地排水疏干和填充行为应明令禁止，具体应该包括疏浚及废土弃置，湿地区域的道路、堤坝、水坝建设和湿地上游水库建设，湿地毗连地和集水区附近的农业生产，湿地植被砍伐，城市径流污染，河流渠道化等，否则这些活动就会造成湿地蓄水量的显著降低、河流径流速率的加快、野生动植物多样性的破坏、地下水渗透量的减少以及娱乐、科研、污染物控制等功能的退化。

如果为满足社会经济发展需求而不得不对湿地资源进行侵占或者不可避免地会造成湿地生态系统的破坏或损失，湿地生态系统的保护就要以"零净损失"为核心管理原则，即转换为其他用途的湿地面积必须通过在其他区域开发或恢复的方式来加以补偿，以保持甚至增加湿地资源的基数，同时要确保所恢复的湿地的生态系统功能能够得以强化，或者至少要保证与被占湿地提供相等的价值、功能和服务。另外，建筑材料、景观材料的放置要远离排水渠、排水管道和地表水，必要时应用防水布或塑料布进行覆盖。在此强调的是，以零净损失原则为指导的湿地资源管理并不是指湿地补偿活动要按照先开发、后恢复的步骤来进行，而是要在湿地资源开发活动进行之前，对提供的湿地恢复方案进行详细的评估，且在确保各项湿地功能恢复方案可行后，方可批准湿地开发活动。

二、保护湿地水资源

在我国，对湿地水资源质量影响最显著的人类活动是广泛的农业面源污染，这种污染主要是通过雨水径流对地表的冲刷而对湿地生态系统水资源质量产生影响的，主要的污染物质包括沉积物、营养物、有机物、重金属、有毒化学物质等。地表土是最主要的沉积物组成部分，而随径流加载到湿地水体中后则以悬浮物和水溶性固体杂质的形式存在，并通过破坏水生生物的光合作用、呼吸作用、生长和繁殖来降低湿地水资源质量，外在表现则是增加湿地水体净化成本以及降低湿地生态系统娱乐功能。此外，其他形式的污染物质也易于附着在土壤颗粒上，从而引发更为严重的水质问题；农药、化肥中的氮磷营养物质及有机物质是水体富营养化的最主要原因，这些物质会引发杂草和藻类的过度生长，并通过降低水中的溶解氧含量对水生生物产生影响，污染地表、地下水；地表径流中的重金属污染物以及有毒化学污染物一般来源于人工环境，如腐蚀的管道、工业废弃物、农药杀虫剂、机动车等。这些污染物质容易在食物链中富集，不易从环境中排出，因此物种所处的食物链等级越高，对其危害程度也就越大。

湿地水体污染已导致湿地土壤盐碱化、植被破坏和退化、水资源补给量减少以及野生动物栖息地破坏等。为此，针对上述提到的对湿地水体质量构成潜在威胁的各类污染物质，建议今后采取设置缓冲区的保护方案，即在湿地区域与周边区域之间设立过渡区来实现对湿地生态系统水资源的保护和生态系统功能的维持。为此，应特别注意维持休耕期耕地的土壤表层覆盖，如留茬、覆盖作物种植等，或在湿地周围设置滤土带，防止农业径流造成湿地水体污染和土壤侵蚀。另外，缓冲区应依据地形、地貌的不同来设置不同宽度的缓冲带。本书依据国外已有研究对缓冲带的设置给出标准参考：低坡度地区，缓冲区对水质的保护主要发生在 5~10m 宽度范围内；高坡度、土壤细颗粒和承接高强度降水的地区，缓冲带宽度要增至 10~30m；洪水调蓄区，缓冲区宽度应设置为 20~150m；生物多样性保护重点地区应依条件将缓冲区宽度设置为 30~500m（Abernethy and Rutherfurd,

1999；Fischer and Fischenich，2000；Prosser and Karssies，2001）。

三、保护湿地土壤

　　湿地土壤是湿地化学转换发生的中介，也是大多数湿地植被可获得的化学物质最初的储存场所（吕宪国和刘红玉，2004）。湿地土壤所具备的独特的好氧与厌氧并存的环境以及土壤中富含的大量有机物质为微生物脱氮创造了理想环境，因此能够有效降解水体中的污染物质（Wadzuk et al.，2010）。Carleton等（2000）研究指出，设计良好的人工湿地能够长期发挥净化水质的功能，且能够降解水体中 11%～99%的总氮、3%～90%的总磷，以及 25%～90%的总悬浮固体。

　　湿地土壤能够有效反映出湿地生态系统的动态性，湿地土壤中的有机物质积累、潜育层土壤颜色、铁锰偏析、土壤孔隙度等特征是湿地物理过程如水循环、水化学、污染物过滤、洪泛等的重要指示因子，对湿地生态系统的水质、动物群以及植被分布有着重要影响。因此，对于湿地土壤的保护要特别控制湿地排水、疏浚、河流渠道化以及除表层土、生活污水和农业径流污染等破坏行为：湿地排水疏干会降低地下水水位，引发土壤的自然氧化和酸化过程，如果进一步进行耕种或基础设施建设，这些土壤就会释放对鱼类和其他水生生物有害的重金属物质，且一旦污染物水平超过了湿地土壤的承受阈值，湿地生态系统的污染物降解功能将会快速下降；湿地开垦、疏浚等活动则会扩大湿地风蚀、水蚀及沙化面积，使土壤养分和生产力降低，破坏野生动物栖息地，还会导致湿地土壤对碳、硫等元素的汇与源功能的转变；除表层土会增加湿地水体浑浊度，降低湿地水体功能和娱乐价值等；生活污水和农业径流污染会使湿地土壤的物理黏度减小、浸湿能力降低、吸附能力减弱、微生物分解和污染物分解速率下降、养分储存量减少等。

　　粮食安全是今后我国农业发展应当重点和特别关注的问题。在农业生产成本不断攀升、农业资源开发过度、污染日益严重、农业生产基础设施相对薄弱的大背景下，耕地土壤质量的提高就成为保障粮食安全的一个关键环节。湿地生态系统的水源涵养、营养物滞留和碳封存等功能均有助于耕地土壤质量的提高。相关研究表明，耕地土壤中每公顷增加 1t 碳，小麦的产量每公顷将增加 20～40kg，而玉米的产量每公顷将增加 10～20kg（Lal，2004）。这说明，重视湿地土壤质量的改善、提高湿地土壤的碳封存能力将对于三江平原地区粮食安全的保障具有积极意义，而免耕种植、覆盖作物种植、闲置土地上进行能源作物种植、节约用水、有效灌溉等则是增加耕地土壤碳库的主要策略。

　　湿地土壤保护措施主要包括预防、缓解、恢复及还原四个方面。其中预防措施应当在可能承受土壤退化风险的区域内实行，在这样的区域范围内，风险评估是保护措施制定的主要参考依据；缓解措施应当在正在发生土壤退化及土壤侵蚀的区域内进行，且重点要放在扭转土壤退化局面、提高土壤条件及弹性的措施制定上；恢复及还原措施旨在恢复土壤原有的服务与功能，但这种措施实施起来通常较为困难，一般只能通过制定新的土地管理策略来进行，如植树造林、建立自然保护区等。

技术方面，对于湿地土壤的保护首先要保持湿地土壤尽可能地被湿地植被或农作物覆盖，以保护土壤免受雨水、径流的冲刷及侵蚀，减少水土流失，同时提高表层土的蓄水能力。其次，要降低河流径流量及减缓径流速率。这一点可以通过植被缓冲区的修建来加以保障，同时能够产生污染物降解的附加作用。再次，对湿地土壤保护措施的实施需要进行详细的规划和时间安排。例如，有机物质的含量可以通过施加肥料或堆肥的方式来加以提高，有机肥料的施放量要进行实时监测等。最后，提高对教育手段的重视。以往广大农民对于湿地土壤的关注主要集中在如何通过改变农作物品种以及使用农药化肥来提高农业产量上，忽略了保持土壤功能和预防湿地土壤退化的重要性。为此，要加强对维持和提高土壤质量对于提高农业生产稳定性相关知识的宣传与教育，让公众充分认识到湿地土壤保护对于改善自身福祉状况的重要性。

四、保护湿地植被

湿地植被是野生动物重要的生存栖息地，对湿地植被的保护也就是对湿地生物多样性的保护。湿地植被的破坏会严重影响湿地生态系统的污染物净化功能，还会显著增加水流速率、加重土壤侵蚀、降低科研价值等。相关报道记载，在三江平原地区，饶河县就曾出现过人们为在乌苏里江采砂而砍伐湿地植被和在湿地区域内修建道路的行为，这些行为不但造成饶河岛整体环境的恶化，而且使得江岸逐渐向内陆侵蚀，并导致了水流变迁和水土流失等问题，同时给游客带来了安全隐患。因此湿地植被对于维持生物栖息地完整性以及保护河流两岸人民生命财产安全具有十分重要的作用。为此应减少农业开发、基础设施建设等活动对湿地植被的破坏，重视并利用湿地植被能够提供的各项服务。

植被恢复是降低沉积物和营养物质运输的长期有效的措施，而且能够产生多种附带的生态系统功能，如堤岸加固、洪水控制、农作物保护、提供栖息地及促进生物多样性保护等，是湿地生态系统保护过程中的重要环节。在湿地植被恢复或景观植物种植时应选取抗旱性较高、营养需求程度较低的本地种，且在湿地植被种植前应对土壤进行混合及分层，通过将表层土与有机物进行混合来为植物根系的生长以及耐旱性的提高创造条件。另外，土壤移植也是一种有效地促进湿地植被恢复的湿地恢复技术，它是指在湿地排水渠附近的土壤中含有相对丰富的残余的湿地植被群落的种子库，如果将这部分土壤移植到湿地恢复区域，那么不但能够显著增加湿地恢复区的湿地植被覆盖和物种数量，还会极大地促进湿地植被生根繁殖，限制堤坝施工等活动可能引发的外来物种入侵。我国大部分地区的湿地排水疏干问题都较为突出，充分重视排水渠、排水沟附近湿地土壤中可能残余的湿地植被种子库将会显著提高湿地恢复区湿地植被恢复效果，还会大幅度降低湿地植被的恢复成本，提高湿地恢复工程经济效益。

第七章 结论与展望

第一节 研究结论

本书在系统梳理国内外生态系统服务与社会福祉关系相关研究的基础理论和评估方法的基础上，以福祉经济学中的真实财富理论以及"福祉-效用-价值"三者的内在关系为主线，通过进行湿地生态系统服务价值评估来量化湿地生态系统服务对社会福祉的贡献，并将评估过程中对量化结果有显著影响的主要参数作为决策制定的主要切入点，从而提出湿地生态系统服务的可持续利用作用于社会福祉改善和提高的对策建议。综合本书的主要研究内容，主要得到以下结论。

（1）生态系统服务社会福祉效应研究的目的在于完善对自然生态系统的管理，旨在保证对自然生态系统的保护及服务的可持续利用的同时，提高总体社会福祉状况、推进社会的可持续发展。

福祉经济学理论是本书的核心基础理论，其福祉可量化的观点构成了本书的研究主线，而其秉持的功利主义人生哲学观，即社会发展的终极目标是促进最大多数社会成员的福祉最大化，是本书的研究宗旨。

效用价值论是本书研究湿地生态系统服务社会福祉效应量化的方法论依据，其内在的"福祉-效用-价值"三者的关系为本书进行的福祉效应货币化以及各价值评估方法的选取提供了直接的理论指导。

生态经济学理论为本书提供了理论研究视角。湿地生态系统是在社会经济飞速发展的背景下不断发生演变的，而随着生态供给与经济需求之间矛盾的日益突显，协调两者的发展关系，将湿地资源的可持续利用最大限度地贡献于社会福祉状况的改善就需要生态经济学理论作为理论支撑。

福祉地理学理论为本书在不同尺度下进行各项生态系统服务价值评估提供了理论依据，并指导本书在关注社会福祉、时间与空间三维统一的同时，要注重对社会福祉的定量评价和时间、空间特征的描述。

可持续发展的目标是本书湿地生态系统保护对策及建议提出的最终落脚点，扭转湿地资源不断退化的局面，提高对湿地生态系统服务的可持续利用，促进社会公平，实现经济、社会与环境的协调发展，为社会营造更加有序、健康、愉悦的生活环境，所有这些目标的实现都要以可持续发展作为根本出发点，都要以可持续发展理论为指导。

（2）纵观全球的湿地生态系统演变过程，自然驱动力和人为驱动力是影响湿地生态系统演变的最主要驱动力因素。以三江平原湿地生态系统演变过程及驱动力影响分析为实证案例，分析不同驱动力因素对湿地生态系统演变过程的影响。

三江平原湿地生态系统面积在近60年里从534万hm²快速缩减至93.9万hm²，衰减比例高达82.4%。湿地的快速退化是多重驱动力共同作用下的结果，通过Tobit模型对选取的13个驱动力因子进行回归后发现，有11个因子对1986~2010年三江平原湿地生态系统的演变过程影响显著。其中气温、降水量、人口总量、城市化率、农村居民人均纯收入、耕地面积以及居民地面积的变化是湿地生态系统面积缩减的主要原因；而GDP、第二产业比例、第三产业比例和单位面积粮食产量的变化则对湿地生态系统的退化过程起到抑制作用。

从影响系数来看，耕地面积的增加导致了最为强烈的湿地退化，其次为居民地面积的增加以及人口总量的变化；第二产业比例和第三产业比例的影响系数是对湿地生态系统退化过程起抑制作用的驱动力因子中影响系数的最大值，这说明加快产业结构的调整和升级步伐对于三江平原湿地生态系统的保护及恢复具有重要意义。

（3）系统阐述不同类别的湿地生态系统服务对社会福祉的影响，将三江平原湿地生态系统服务作为研究案例，探讨各类湿地生态系统服务的社会福祉效应。在此基础上，分别从调节服务、文化服务、支持服务以及湿地生态系统服务总价值四方面研究不同评价尺度下的湿地生态系统服务价值变化过程。

调节服务方面，结合比例分析与替代成本法对挠力河流域湿地生态系统的均化洪水价值进行了评估，结果表明，2010年挠力河流域单位面积湿地生态系统的均化洪水价值为1389.8~4644.7元/hm²，而挠力河流域湿地生态系统的均化洪水总价值为2.42亿~8.08亿元。此结果揭示了单位面积湿地均化洪水效应的边际成本，也反映出单位面积挠力河流域湿地被替代后在均化洪水功能上可能的成本损失。

文化服务方面，应用选择实验法在对兴凯湖湿地旅游不同属性进行支付意愿调查的基础上，通过随机参数Logit模型对各属性改善的边际价格进行了估算。结果表明，由高强度湿地恢复、高强度植被恢复、低强度生物多样性保护和高强度基础设施建设构成的兴凯湖湿地旅游改善总体方案的人均总支付意愿值为148.9元。该支付意愿具有显著的距离衰减特性，250km范围内，湿地旅游价值与受益者之间的相互作用较为强烈，此范围内，不但人们持有较高的湿地旅游投资意愿，而且湿地旅游产生的经济效益会主要惠及在此范围内。

支持服务方面，应用福利函数模型分析了三江平原湿地生态系统生物多样性保护价值在贴现率和边际价格变化的综合影响下未来100年的变化过程。结果表明，在边际价格变化与贴现率的综合影响下，生物多样性保护价值呈现出先增长再降低的变化趋势，这说明随着三江平原湿地资源的稀缺，生物多样性保护的社会福祉效应会越发突显，但一旦湿地资源衰减至某一阈值，人们对于湿地的生物多样性保护的支付意愿会逐渐降低。替代弹性和收入边际效用弹性增大将会使生物多样性保护价值逐渐降低，而随着湿地面积的逐渐恢复，价值曲线的波峰逐渐降低，这说明，扭转三江平原湿地生态系统不断破坏的局面不但能够有效避免湿地生态系统恢复与保护不断增大的巨额资金投入，而且能够在保持经济较高速度发展的同时，提高生物多样性保护服务与经济发展的协调关系。

总价值评估方面，应用全球和中国的湿地生态系统服务价值当量，对白洋淀湿地生态系统服务价值的变化过程进行了分析。结果表明，采用两种价值当量计算方法得到的白洋淀湿地生态系统服务价值总量均呈现出了大幅度的下降，这一过程与白洋淀湿地生态系统的演变过程同步，表明白洋淀湿地生态系统面积的不断缩小也导致其所具备的提供各项湿地生态系统服务的功能在不断降级。从不同类别湿地生态系统服务价值结果来看，供给服务的价值总量最低，调节服务的价值总量最高，而支持服务和文化服务的价值总量较为接近。

（4）针对上述各部分研究结论，本书最后从不断提高湿地生态系统服务可持续利用的角度分别从建立以市场为导向的湿地生态系统管理机制、完善湿地生态系统保护公众参与制度以及提高对湿地生态系统的可持续管理三方面提出了综合的对策及建议。首先，湿地生态系统的有效保护应当以建立以市场为导向的湿地生态系统管理机制为前提，以保证湿地资源的开发依据市场需求来进行，加快推进湿地资源纳入市场经济轨道的步伐。其次，湿地生态系统的可持续利用还要全面地完善湿地生态系统保护公众参与制度来加以保证，以使社会不同利益团体的价值观和利益诉求能够较为合适地在湿地保护公共决策的制定中存在与表达，使公民的民主权利得以体现。最后，湿地生态系统的不断退化归根结底缘于日益强烈的人类活动影响，从根本上控制并降低人类活动给湿地生态系统带来的压力将是湿地生态系统服务可持续利用的最有效途径。

第二节　不足与展望

生态系统服务与社会福祉关系研究是一个较新的研究方向，所涉及基础理论较为广泛，属于福祉经济学、生态经济学、福祉地理学、环境科学等多个学科的交叉领域，目前仍处于探索性的研究阶段，因此尚缺乏完善的理论与方法体系。本书在研究过程中由于受到主客观因素的影响，尚存在一些需要进一步完善、深化和拓展之处。

（1）本书在基础理论研究方面存在一定的不足。生态系统服务与社会福祉关系研究属于多学科研究的交叉领域，除本书系统梳理的 5 个基础理论部分外，还广泛涉及环境学、社会学、心理学等诸多学科的理论研究基础。本书主要出于对生态系统服务社会福祉效应的量化以及学科背景方面的考量，未能对相关学科理论基础作出全面梳理。在未来的研究工作中，应结合不同的研究背景来进一步提炼该领域涉及的其他相关学科的基础理论，同时注重各部分基础理论的内容整合，以不断夯实此领域的基础理论研究。

（2）湿地生态系统演变驱动力分析过程中的驱动力因子选取问题。由于受到来自数据获取方面的局限，本书仅选取了影响三江平原湿地生态系统演变的潜在13个驱动力因子指标，可能存在着指标遴选不周全的问题。另外，由于可获得的三江平原地区土地利用数据不连续，只能通过趋势外推和线性插值的方法来对缺失的土地利用数据进行预测，因此会与真实值之间存在着一定的误差，这也会对驱动力影响的分析结果产生一定的影响。在今后的研究中，应加强对潜在驱动力因子的识别以及可获得数据的捕捉，从而不断完善相关研究工作。

（3）生态系统服务价值评估过程中某些参数的取值存在主观定量的问题。例如，在生物多样性保护价值趋势分析过程中的经济增长速率、生物多样性保护支撑的社会福祉份额的取值，均化洪水价值评估中挠力河流域湿地的均化洪水削减效应的取值范围，湿地旅游距离衰减评估中不同衰减距离的取值等。在未来研究工作中，对于各参数真实取值的把握将是进一步提高评估结果准确性的关键。

（4）本书在研究过程中，针对不具备成熟市场环境的湿地生态系统调节服务、文化服务和支持服务，仅各自选取了一项服务价值评估作为案例进行分析，案例研究成果不够丰富。在未来的研究工作中，应扩充生态系统服务价值评估对象，以使研究成果趋于完善。

参 考 文 献

敖长林，陈瑾婷，焦扬，等. 2013. 生态保护价值的距离衰减性——以三江平原湿地为例. 生态学报，33（16）：5109-5117.

敖长林，李一军，冯磊，等. 2010. 基于 CVM 的三江平原湿地非使用价值评价. 生态学报，30（23）：6470-6477.

蔡邦成，陆根法，宋莉娟，等. 2006. 土地利用变化对昆山生态系统服务价值的影响. 生态学报，26（9）：3005-3010.

蔡银莺，李晓云，张安录. 2005. 农地城市流转对区域生态系统服务价值的影响——以大连市为例. 农业现代化研究，26（3）：186-189.

常守志，王宗明，宋开山，等. 2011. 1954～2005 年三江平原生态系统服务价值损失评估. 农业系统科学与综合研究，27（2）：240-247.

陈春阳，戴君虎，王焕炯，等. 2012. 基于土地利用数据集的三江源地区生态系统服务价值变化. 地理科学进展，31（7）：970-977.

陈刚起. 1996. 三江平原沼泽研究. 北京：科学出版社.

陈刚起，吕宪国，杨青，等. 1993. 三江平原沼泽蒸发研究. 地理科学，13（3）：220-227.

陈刚起，张文芬. 1985. 三江平原沼泽对河川径流影响的初步探讨. 地理科学，2（8）：254-263.

陈华文，刘康兵. 2004. 经济增长与环境质量：关于环境库兹涅茨曲线的经验分析[J]. 复旦学报（社会科学版），4（2）：87-94.

陈基湘，姜学民. 1998. 试论自然资源分配的公平性. 资源科学，20（3）：1-5.

陈克林. 1995.《拉姆萨尔公约》——《湿地公约》简介. 生物多样性，3（2）：119-121.

陈劭锋. 2009. 可持续发展管理的理论与实证研究：中国环境演变驱动力分析. 合肥：中国科学技术大学.

陈宜瑜. 1995. 中国湿地研究. 长春：吉林科学技术出版社.

陈竹，鞠登平，张安录. 2013. 农地保护的外部效益测算——选择实验法在武汉市的应用. 生态学报，33（10）：3213-3221.

程宝良，高丽. 2005. 论生态价值的刚性问题. 生态经济，（10）：8-12.

崔保山，刘兴土. 2001. 三江平原挠力河流域湿地生态特征变化研究. 自然资源学报，16（2）：107-114.

崔丽娟. 2004. 鄱阳湖湿地生态系统服务功能价值评估研究. 生态学杂志，23（4）：47-51.

崔玲，倪红伟，陈琳，等. 2010. 三江平原湿地生态功能区划分区方案及分区特征. 国土与自然资源研究，（3）：61-63.

邓伟，张平宇，张柏. 2004. 东北区域发展报告. 北京：科学出版社.

董锁成，李泽红，李斌，等. 2007. 中国资源型城市经济转型问题与战略探索. 中国人口·资源与环境，17（5）：12-17.

段晓男，王效科，欧阳志云. 2005. 乌梁素海湿地生态系统服务功能及价值评估. 资源科学，27（2）：110-115.

冯建维，田熹东. 2003. 三江平原水利综合治理规划重新修订. 黑龙江水利，（2）：19.

弗雷，斯塔特勒. 2006. 幸福与经济学：经济和制度对人类福祉的影响. 静也，译. 北京：北京大学出版社.

付长超，刘吉平，刘志明. 2009. 近 60 年东北地区气候变化时空分异规律的研究. 干旱区资源与环境，23（12）：60-65.

傅伯杰，陈利顶. 1996. 景观多样性的类型及其生态意义. 地理学报，51（5）：454-462.

高龙华. 2006. 径流演变的人类驱动力模型. 水利学报，37（9）：1129-1133.

耿国彪. 2014. 我国湿地保护形势不容乐观——第二次全国湿地资源调查结果公布. 绿色中国，（3）：8-11.

郭伟和. 2001. 福利经济学. 北京：经济管理出版社.

韩美，张晓慧. 2009. 黄河三角洲湿地主导生态服务功能价值估算. 中国人口·资源与环境，19（6）：37-43.

何力武. 2009. 新经济地理学福利分析进展回顾. 西南民族大学学报（人文社科版），30（6）：193-197.

何强，吕光明. 2008. 基于 IPAT 模型的生态环境影响分析——以北京市为例. 中央财经大学学报，（12）：83-88.

贺菊煌. 1998. 消费函数研究. 数量经济技术经济研究，（12）：18-26.

侯伟，张树文，张养贞，等. 2004. 三江平原挠力河流域50年代以来湿地退缩过程及驱动力分析. 自然资源学报，19（6）：725-731.

胡晓婷. 2011. 非物质文化遗产可持续发展的实践探索——赫哲族鱼皮、桦树皮在漆艺中的应用. 哈尔滨：哈尔滨师范大学.

环境保护部. 2011. 中国生物多样性保护战略与行动计划. 北京：中国环境科学出版社.

黄锡畴. 1982. 试论沼泽的分布和发育规律. 地理科学，2（3）：193-201.

黄有光. 2005. 社会福祉与经济政策. 唐翔，译. 北京：北京大学出版社.

汲玉河，栾金花. 2004. 三江平原植被特征与动态分析. 南京林业大学学报（自然科学版），28（6）：79-82.

江波，欧阳志云，苗鸿，等. 2011. 海河流域湿地生态系统服务功能价值评价. 生态学报，31（8）：2236-2244.

蒋虎，韩金山，秦桂林，等. 2008. 日本国际协力银行对龙头桥水库后评估结论与启示. 黑龙江水利科技，36（2）：111-112.

焦扬. 2008. 基于 CVM 的三江平原湿地非使用价值评价. 哈尔滨：东北农业大学.

康铁东，李玉文，吕玉哲. 2007. 三江自然保护区河流湿地水质研究. 湿地科学，5（1）：83-88.

孔德明. 2009. 从赫哲族鱼皮服饰探寻三江平原的造物文化. 西北民族大学学报（哲学社会科学版），（5）：74-81.

孔红梅，赵景柱，马克明，等. 2002. 生态系统健康评价方法初探. 应用生态学报，13（4）：486-490.

李波，宋晓媛，谢花林. 2008. 北京市平谷区生态系统服务价值动态. 应用生态学报，19（10）：2251-2258.

李方，张柏，张树清. 2004. 三江平原生态系统服务价值评估. 干旱区资源与环境，18（5）：19-23.

李惠梅，张安录. 2011. 生态系统服务研究的问题与展望. 生态环境学报，20（10）：1562-1568.

李惠梅，张安录. 2013. 生态环境保护与福祉. 生态学报，33（3）：825-833.

李加林，童亿勤，许继琴，等. 2004. 杭州湾南岸生态系统服务功能及其经济价值研究. 地理与地理信息科学，20（6）：104-108.

李景保，代勇，殷日新，等. 2013. 三峡水库蓄水对洞庭湖湿地生态系统服务价值的影响. 应用生态学报，24（3）：809-817.

李龙熙. 2005. 对可持续发展理论的诠释与解析. 行政与法，（1）：3-7.

李名勇，晏路明，王丽丽，等. 2013. 基于高程约束的区域 LUCC 及其生态效应研究——以福州市为例. 地理科学，33（1）：75-82.

李萍，曾令可，税安泽，等. 2008. 基于 MATLAB 的 BP 神经网络预测系统的设计. 计算机应用与软件，25（4）：149-150，184.

李士峰，崔广臣，杨国顺. 2000. 三江平原洪涝灾害及治理措施. 水利水电科技进展，20（1）：65-67.

李双成，刘金龙，张才玉，等. 2011. 生态系统服务研究动态及地理学研究范式. 地理学报，66（12）：1618-1630.

李巍，李文军. 2003. 用改进的旅行费用法评估九寨沟的游憩价值. 北京大学学报（自然科学版），39（4）：548-555.

李伟光. 2005. 三江平原的动植物. 森林与人类，（1）：26-31.

李文华，张彪，谢高地. 2009. 中国生态系统服务研究的回顾与展望. 自然资源学报，24（1）：1-10.

李文星，徐长生，艾春荣. 2008. 中国人口年龄结构和居民消费：1989～2004. 经济研究，（7）：108-129.

李小健. 1999. 经济地理学. 北京：高等教育出版社.

李晓民，胡咏海，马玉君，等. 2003. 三江平原的鹤类资源及保护. 国土与自然资源研究，（1）：74-75.

李晓文，胡远满，肖笃宁. 1999. 景观生态学与生物多样性保护. 生态学报，19（3）：399-407.

李琰，李双成，高阳，等. 2013. 连接多层次人类福祉的生态系统服务分类框架. 地理学报，68（8）：1038-1047.

李政军. 2009. 萨缪尔森公共物品的性质及其逻辑蕴涵. 南京师大学报（社会科学版），（5）：45-52.

李子奈，潘文卿. 2004. 计量经济学. 北京，高等教育出版社.

林道辉，沈学优，刘亚儿. 2002. 环境与经济协调发展理论研究进展. 环境污染与防治，24（2）：120-123.

林少宫. 2003. 微观计量经济学要义：问题与方法探讨. 武汉：华中科技大学出版社.

刘殿伟. 2006. 过去 50 年三江平原土地利用/覆被变化的时空特征与环境效应. 长春：吉林大学.

刘贵花. 2013. 三江平原挠力河流域水文要素变化特征及其影响研究. 长春：中国科学院东北地理与农业生态研究所.

刘红玉，李兆富. 2005. 三江平原典型湿地流域水文情势变化过程及其影响因素分析. 自然资源学报，20（4）：493-501.

刘红玉，李兆富. 2006. 挠力河流域湿地景观演变的累积效应. 地理研究，25（4）：606-616.

刘红玉，李兆富. 2007. 流域土地利用/覆被变化对洪河保护区湿地景观的影响. 地理学报，62（11）：1215-1222.

刘红玉，李兆富. 2008. 小三江平原湿地水质空间分异与影响分析. 中国环境科学，28（10）：933-937.

刘红玉，吕宪国，张世奎. 2004. 三江平原流域湿地景观多样性及其50年变化研究. 生态学报，24（7）：1472-1479.

刘吉平，杨青，吕宪国，等. 2005. 三江平原典型环型湿地生物多样性. 农村生态环境，21（3）：1-5，42.

刘景双. 2005. 湿地生物地球化学研究. 湿地科学，3（4）：302-309.

刘景双，杨继松，于君宝，等. 2003. 三江平原沼泽湿地土壤有机碳的垂直分布特征研究. 水土保持学报，17（3）：5-8.

刘敏超，李迪强，栾晓峰，等. 2005. 三江源地区生态系统服务功能与价值评估. 植物资源与环境学报，14（1）：40-43.

刘韬，陈斌，杜耘，等. 洪湖湿地生态系统服务价值评估研究. 华中师范大学学报（自然科学版），2007，41（2）：304-308.

刘晓辉，吕宪国. 2008. 三江平原湿地生态系统固碳功能及其价值评估. 湿地科学，6（2）：212-217.

刘晓辉，吕宪国. 2009. 湿地生态系统服务功能变化的驱动力分析. 干旱区资源与环境，23（1）：24-28.

刘新华，刘景双，朱振林. 2008. 三江平原小叶章湿地系统硫的输入及输出动态. 生态环境，17（5）：1743-1747.

刘兴土，马学慧. 2000. 三江平原大面积开荒对自然环境影响及区域生态环境保护. 地理科学，20（1）：14-19.

刘兴土，孙广友，张养贞，等. 1981. 三江平原自然环境变化与合理开发利用的初步探讨. 地理学报，36（1）：33-46.

刘兴土. 1995. 三江平原湿地及其合理利用与保护.中国湿地研究. 长春：吉林科学技术出版社.

刘兴土. 2007. 三江平原沼泽湿地的蓄水与调洪功能. 湿地科学，5（1）：64-68.

刘雪梅，保继刚. 2005. 从利益相关者角度剖析国内外生态旅游实践的变形. 生态学杂志，24（3）：348-353.

刘影，彭薇. 2003. 鄱阳湖湿地生态系统退化的社会经济驱动力分析. 江西社会科学，（10）：231-233.

刘振乾，刘红玉，吕宪国. 2001. 三江平原湿地生态脆弱性研究. 应用生态学报，12（2）：241-244.

刘正茂，姜明，佟守正. 2008. 三环泡滞洪区的水文功能研究. 湿地科学，6（2）：242-248.

刘正茂，孙永贺，吕宪国，等. 2007. 挠力河流域龙头桥水库对坝址下游湿地水文过程影响分析. 湿地科学，5（3）：201-207.

柳杨青. 2004. 生态需要内涵研究——生态经济学应加强对生态需要内容的研究. 江西财经大学学报，2（1）：14-16.

卢涛，马克明，倪红伟，等. 2008. 三江平原不同强度干扰下湿地植物群落的物种组成和多样性变化. 生态学报，28（5）：1893-1900.

陆琦，马克明，张洁瑜，等. 2007. 三江平原退化湿地和农田土壤养分的比较研究. 生态与农村环境学报，23（2）：23-28.

吕欢欢. 2013. 基于选择实验法的国家森林公园游憩资源价值评价研究. 大连：大连理工大学.

吕宪国. 2009. 三江平原湿地生物多样性变化及可持续利用. 北京：科学出版社.

吕宪国，刘红玉. 2004. 湿地生态系统保护与管理. 北京：化学工业出版社.

吕一河，张立伟，王江磊. 2013. 生态系统及其服务保护评估：指标与方法. 应用生态学报，24（5）：1237-1243.

栾兆擎，章光新，邓伟，等. 2007. 三江平原 50a 来气温及降水变化研究. 干旱区资源与环境，21（11）：39-43.

罗守贵，曾尊固. 2002. 可持续发展研究述评. 南京大学学报（哲学·人文科学·社会科学版），39（2）：141-148.

罗先香，邓伟，何岩，等. 2002. 三江平原沼泽性河流径流演变的驱动力分析. 地理学报，57（5）：603-610.

罗艳菊，黄宇，毕华，等. 2012. 基于环境态度的城市居民环境友好行为意向及认知差异——以海口市为例. 人文地理，27（5）：69-75.

马爱慧，蔡银莺，张安录. 2012. 基于选择实验法的耕地生态补偿额度测算. 自然资源学报，27（7）：1154-1163.

马春，鞠美庭，李洪远，等. 2011. 天津地区土地生态系统多样性演变与驱动力分析. 南开大学学报（自然科学版），44（1）：66-70，77.

马克平. 1993. 试论生物多样性的概念. 生物多样性，1（1）：20-22.

马学慧. 2013. 中国泥炭地碳储量与碳排放. 北京：中国林业出版社.

马学慧，吕宪国，杨青，等. 1996. 三江平原沼泽地碳循环初探. 地理科学，16（4）：323-330.

马勇，何彪. 2012. 陕北地区文化生态旅游开发的价值体系与提升策略. 人文地理，27（5）：143-147.

曼昆. 2012. 经济学原理. 6 版. 梁小民，梁砾，译. 北京：北京大学出版社.

毛德华，王宗明，韩佶兴，等. 2012. 1982～2010 年中国东北地区植被 NPP 时空格局及驱动因子分析. 地理科学，32（9）：1106-1111.

毛德华，王宗明，罗玲，等. 2016. 1990～2013 年中国东北地区湿地生态系统格局演变遥感监测分析. 自然资源学报，31（8）：1253-1263.

苗元江. 2009. 从幸福感到幸福指数——发展中的幸福感研究. 南京社会科学，（11）：103-108.

南野，韦荣华，庄艳平，等. 2013. 三江平原湿地——大自然最原始的面貌. 人与自然，（8）：40-55.

欧阳志云，王如松，赵景柱. 1999. 生态系统服务功能及其生态经济价值评价. 应用生态学报，10（5）：625-640.

欧阳志云，王效科，苗鸿. 1999. 中国陆地生态系统服务功能及其生态经济价值的初步研究. 生态学报，19（5）：607-613.

彭建，王仰麟，叶敏婷，等. 2005. 区域产业结构变化及其生态环境效应. 地理学报，60（5）：798-806.

戚德虎，康继昌. 1998. BP 神经网络的设计. 计算机工程与设计，19（2）：48-50.

曲环. 2007. 农业面源污染控制的补偿理论与途径研究. 北京：中国农业科学院.

申曙光. 1994. 生态文明及其理论与现实基础. 北京大学学报（哲学社会科学版），3：31-38.

沈满洪. 2008. 生态经济学. 北京：中国环境科学出版社.

沈满洪，谢慧明. 2009. 公共物品问题及其解决思路——公共物品理论文献综述. 浙江大学学报
　　（人文社会科学版），39（6）：45-56.

单豪杰. 2008. 中国资本存量 K 的再估算 1952～2006 年. 数量经济技术经济研究，（10）：17-31.

石瑾斌，刘艳艳. 2014. 挠力河治理工程对湿地自然保护区的影响及措施. 黑龙江水利科技，
　　42（5）：57-59.

石培礼，李文华，何维明，等. 2002. 川西天然林生态服务功能的经济价值. 山地学报，20（1）：
　　75-79.

宋长春，王毅勇，阎百兴，等. 2004. 沼泽湿地开垦后土壤水热条件变化与碳、氮动态. 环境科
　　学，25（3）：150-154.

宋长春，张丽华，王毅勇，等. 2006.淡水沼泽湿地 CO_2、CH_4 和 N_2O 排放通量年际变化及其对
　　氮输入的响应. 环境科学，27（12）：2369-2375.

宋开山，刘殿伟，王宗明，等. 2008. 1954 年以来三江平原土地利用变化及驱动力. 地理学报，
　　63（1）：93-104.

宋瑞. 2005. 我国生态旅游利益相关者分析. 中国人口·资源与环境，15（1）：36-41.

苏洁琼，王烜. 2012. 气候变化对湿地景观格局的影响研究综述. 环境科学与技术，35（4）：74-81.

苏金豹，聂文龙，马建章. 2007. 兴凯湖旅游资源开发现状及其对策. 哈尔滨商业大学学报（社
　　会科学版），97（6）：79-83.

苏为华. 2000.多指标综合评价理论与方法问题研究. 厦门：厦门大学.

孙世强，杨华磊. 2012. 提升社会福祉的软实力因素：人性优化程度. 现代经济探讨，（3）：53-57.

孙英. 2005. 幸福至善论. 齐鲁学刊，（6）：129-133.

孙月平. 2007. 在转变经济发展方式中提升社会福祉. 现代经济探讨，（8）：5-10.

孙志高，刘景双，秦泗刚，等. 2006. 三江平原湿地农业开发的生态环境问题与区域可持续发展.
　　干旱区资源与环境，20（4）：55-60.

谭明亮，段争虎，陈小红，等. 2012. 半干旱区城市人工森林生态系统服务价值评估——以兰州
　　市南北两山环境绿化工程区为例. 中国沙漠，32（1）：219-225.

佟守正，吕宪国，杨青，等. 2005. 三江平原湿地研究发展与展望. 资源科学，27（6）：180-187.

万树. 2011. 福祉经济学研究进展与国民福祉系统. 江苏省外国经济学说研究会学术年会.

王必达，高云虹. 2009. 自然资源与经济增长关系的理论演进. 经济问题探索，（11）：8-14.

王兵，鲁绍伟. 2009. 中国经济林生态系统服务价值评估，应用生态学报，20（2）：417-425.

王波，管振范，朱莉，等. 1995. 三江平原挠力河近期治理工程措施研究. 黑龙江水利科技，（2）：
　　82-84.

王春芳，叶茂，徐海量. 2006. 新疆草地生态系统的服务功能及其价值评估初探. 石河子大学学
　　报（自然科学版），24（2）：217-222.

王大尚，郑华，欧阳志云. 2013. 生态系统服务供给、消费与人类福祉的关系. 应用生态学报，
　　24（6）：1747-1753.

王德宣，吕宪国，丁维新，等. 2002. 三江平原沼泽湿地与稻田 CH_4 排放对比研究. 地理科学，
　　22（4）：500-503.

王光华，夏自谦. 2012. 生态供需规律探析. 世界林业研究，25（3）：70-73.

王洪波，王俊玮，何子峰. 2008. 挠力河干流近远期防洪方案研究. 黑龙江水利科技，36（6）：
　　160-161.

王靓. 2012. 社区福祉指标——澳大利亚维多利亚州社区指标系统探讨. 规划师, 28 (s2): 182-187.

王韶华, 王丹, 刘祥臻. 2003. 三江平原水旱灾害分析及综合治理. 北京工业大学学报, 29 (4): 457-461.

王圣云. 2011. 多维转向与福祉地理学研究框架重构. 地理科学进展, 30 (6): 739-745.

王圣云, 沈玉芳. 2011. 从福利地理学到福祉地理学: 研究范式重构. 世界地理研究, 20 (2): 162-168.

王世岩. 2004. 三江平原退化湿地土壤物理特征变化分析. 水土保持学报, 18 (3): 167-174.

王松霈. 2003. 生态经济学为可持续发展提供理论基础. 中国人口·资源与环境, 13 (2): 11-16.

王廷惠. 2007. 公共物品边界的变化与公共物品的私人供给. 华中师范大学学报（人文社会科学版）, 46 (4): 36-42.

王伟, 陆健健. 2005. 生态系统服务功能分类与价值评估探讨. 生态学杂志, 24 (1): 1314-1316.

王文焕, 石明杰, 金明琴, 等. 2002. 三江平原小叶章资源保护和利用. 黑龙江畜牧兽医, (2): 22-23.

王新华, 张志强. 2004. 黑河流域土地利用变化对生态系统服务价值的影响. 生态环境, 13 (4): 608-611.

王毅勇, 宋长春, 阎百兴, 等. 2003. 三江平原不同土地利用方式下湿地土壤 CO_2 通量研究. 湿地科学, 1 (2): 111-114.

王永丽, 于君宝, 董洪芳, 等. 2012. 黄河三角洲滨海湿地的景观格局空间演变分析. 地理科学, 32 (6): 717-724.

王振波, 于杰, 刘晓雯. 2009. 生态系统服务功能与生态补偿关系的研究. 中国人口·资源与环境, 19 (6): 17-22.

王宗明, 张树清, 张柏. 2004. 土地利用变化对三江平原生态系统服务价值的影响. 中国环境科学, 24 (1): 125-128.

韦鸿. 2011. 人口数量增加、农业技术进步对土地利用和环境的影响. 生态经济, (5): 108-112.

魏强, 佟连军, 吕宪国. 2014. 生态系统服务对区域经济增长的影响研究——以黑龙江省为例. 人文地理, 29 (5): 109-112, 13.

吴必虎, 唐俊雅, 黄安民, 等. 1997. 中国城市居民旅游目的地选择行为研究. 地理学报, 52 (2): 97-103.

吴怀林, 张保伟. 2006. 对涨落有序律的辩证理解. 系统科学学报, 14 (3): 15-18.

奚恺元, 张国华, 张岩. 2003. 从经济学到幸福学. 上海管理科学, (3): 4-5, 18.

夏骋翔, 杨学义, 高全成. 2011. 福祉测量方法评述. 统计与信息论坛, 26 (12): 3-9.

肖寒, 欧阳志云, 赵景柱, 等. 2000. 森林生态系统服务功能及其生态经济价值评估初探——以海南岛尖峰岭热带森林为例. 应用生态学报, 11 (4): 481-484.

肖玉, 谢高地, 安凯. 2003. 莽措湖流域生态系统服务功能经济价值变化研究. 应用生态学报, 14 (5): 676-680.

谢高地, 鲁春霞, 成升魁. 2001. 全球生态系统服务价值评估研究进展. 资源科学, 23 (6): 5-9.

谢高地, 鲁春霞, 冷允法, 等. 2003. 青藏高原生态资产的价值评估. 自然资源学报, 18 (2): 189-196.

谢高地, 肖玉, 鲁春霞. 2006. 生态系统服务研究: 进展、局限和基本范式. 植物生态学报,

30（2）：191-199.

谢高地，甄霖，鲁春霞，等.2008. 生态系统服务的供给、消费和价值化. 资源科学，30（1）：93-99.

辛琨，肖笃宁.2000. 生态系统服务功能研究简述. 中国人口·资源与环境，10（3）：20-22.

辛琨，肖笃宁.2002.盘锦地区湿地生态系统服务功能价值估算. 生态学报，22（8）：1345-1349.

徐君，李贵芳，王育红.2015. 国内外资源型城市脆弱性研究综述与展望. 资源科学，37（6）：1266-1278.

徐俏，何孟常，杨志峰，等.2003. 广州市生态系统服务功能价值评估. 北京师范大学学报（自然科学版），39（2）：268-272.

徐中民，张志强，程国栋，等.2002. 额济纳旗生态系统恢复的总经济价值评估. 地理学报，57（1）：107-116.

徐仲安，王天保，李常英，等.2002. 正交试验设计法简介. 科技情报开发与经济，12（5）：148-150.

许吉仁，董霁红.2013.1987～2010 年南四湖湿地景观格局变化及其驱动力研究，11（4）：438-445.

许林书，姜明.2005. 莫莫格保护区湿地土壤均化洪水效益研究. 土壤学报，42（1）：159-162.

薛振山，姜明，吕宪国，等.2012. 农业开发对生态系统服务价值的影响. 湿地科学，10（1）：40-45.

闫冬.2011. 黑龙江省集贤县小黄河近期治理工程解读. 黑龙江科技信息，10（29）：312.

闫敏华，陈泮勤，邓伟，等.2005. 三江平原气候变暖的进一步认识：最高和最低气温的变化. 生态环境，14（2）：151-156.

闫敏华，邓伟，马学慧.2001. 大面积开荒扰动下的三江平原近 45 年气候变化. 地理学报，56（2）：159-170.

严承高，袁军.1997. 试论三江平原及其生物多样性的国际意义与保护对策. 林业资源管理，2（1）：35-39.

颜家水，易兰华，孔炎，等.2009. 经济学基础. 长沙：中南大学出版社.

杨继松，刘景双，王金达，等.2006. 三江平原生长季沼泽湿地 CH_4、N_2O 排放及其影响因素. 植物生态学报，30（3）：432-440.

杨青，吕宪国.1999. 三江平原湿地生态系统土壤呼吸动态变化的初探. 土壤通报，30（6）：254-256.

杨万钟.1999. 经济地理学导论. 上海：华东师范大学出版社.

杨永兴，王世岩，何太蓉，等.2002. 三江平原典型湿地生态系统生物量及其季节动态研究. 中国草地，24（1）：1-7.

易富科，李崇皜，赵魁义，等.1982. 三江平原植被类型的研究. 地理科学，2（4）：375-384.

尹晓梅.2013. 气候变化对三江平原湿地植被生产力影响模拟研究. 长春：中国科学院东北地理与农业生态研究所.

尤飞，王传胜.2003. 生态经济学基础理论、研究方法和学科发展趋势探讨. 中国软科学，（3）：131-138.

于春雨.2011. 兴凯湖旅游度假区规划与开发研究. 鸡西大学学报，11（6）：41-42.

于凤林.1989. 论三江平原芦苇资源及生产优势. 国土与自然资源研究，（3）：66-69.

余新晓，秦永胜，陈丽华，等.2002. 北京山地森林生态系统服务功能及其价值初步研究. 生态学报，22（5）：783-786.

约翰斯顿 R J. 2005. 人文地理学词典. 柴彦威，等，译. 北京：商务印书馆.

岳书平，张树文，闫业超. 2007. 东北样带土地利用变化对生态服务价值的影响. 地理学报，62（8）：879-886.

曾嵘，魏一鸣，范英，等. 2000. 人口、资源、环境与经济协调发展系统分析. 系统工程理论与实践，20（12）：1-6.

曾涛. 2010. 兴凯湖湿地生态旅游资源评价、监测与开发研究. 哈尔滨：东北林业大学.

张彪，谢高地，肖玉，等. 2010. 基于人类需求的生态系统服务分类. 中国人口·资源与环境，20（6）：64-67.

张春丽. 2008. 三江平原湿地生态建设与替代生计选择研究. 长春：中国科学院东北地理与农业生态研究所.

张春丽，刘继斌，佟连军. 2007. 湿地生态旅游发展模式研究——以三江平原湿地为例. 安徽农业科学，35（24）：7579-7581.

张华，康旭，王利，等. 2010. 辽宁近海海洋生态系统服务及其价值测评. 资源科学，32（1）：177-183.

张金波，宋长春，杨文燕. 2005. 三江平原沼泽湿地开垦对表土有机碳组分的影响. 土壤学报，42（5）：857-859.

张璐静. 2010. 论思想道德建设与社会福祉的提高——基于契约的视角. 中南财经政法大学研究生学报，（1）：120-130.

张树清，张柏，汪爱华. 2001. 三江平原湿地消长与区域气候变化关系研究. 地球科学进展，16（6）：836-841.

张文菊，吴金水，童成立，等. 2005. 三江平原湿地沉积有机碳密度和碳储量变异分析. 自然资源学报，20（4）：537-544.

张秀生，陈先勇. 2001. 论中国资源型城市产业发展的现状、困境与对策. 经济评论，12（6）：96-99.

张养贞. 1981. 三江平原沼泽土壤的发生、性质与分类. 地理科学，1（2）：171-180.

张永民. 2012. 生态系统服务研究的几个基本问题. 资源科学，34（4）：725-733.

张友民，刘兴土，肖洪兴，等. 2003. 三江平原芦苇湿地植物多样性的初步研究. 吉林农业大学学报，25（1）：58-61.

张芸，吕宪国，倪健. 2004. 三江平原典型湿地冷湿效应的初步研究. 生态环境，13（1）：37-39.

张振明，刘俊国. 2011. 生态系统服务价值研究进展. 环境科学学报，31（9）：1835-1842.

张振明，刘俊国，申碧峰，等. 2011. 永定河（北京段）河流生态系统服务价值评估. 环境科学学报，39（1）：1851-1857.

张志强，孙成权，程国栋，等. 1999. 可持续发展研究：进展与趋向. 地球科学进展，14（6）：589-595.

张志强，徐中民，程国栋. 2001. 生态系统服务与自然资本价值评估. 生态学报，21（11）：1918-1926.

张志强，徐中民，程国栋. 2003. 可持续发展下的生态经济学理论透视. 中国人口·资源与环境，13（6）：1-7.

张志强，徐中民，程国栋. 2003. 条件价值评估法的发展与应用. 地球科学进展，18（3）：454-463.

赵传燕，冯兆东，刘勇. 2002. 祁连山区森林生态系统生态服务功能分析——以张掖地区为例.

干旱区资源与环境, 16 (1): 66-70.

赵景柱, 肖寒. 2000. 生态系统服务的物质量与价值量评价方法的比较分析. 应用生态学报, 11 (2): 290-292.

赵俊芳, 延晓冬, 朱玉洁. 2007. 陆地植被净初级生产力研究进展. 中国沙漠, 27 (5): 780-786.

赵士洞, 王礼茂. 1999. 可持续发展的概念和内涵. 自然资源学报, 11 (3): 288-292.

赵同谦, 欧阳志云, 贾良清, 等. 2004. 中国草地生态系统服务功能间接价值评价. 生态学报, 24 (6): 1101-1110.

赵同谦, 欧阳志云, 王效科, 等. 2003. 中国陆地地表水生态系统服务功能及其生态经济价值评价. 自然资源学报, 18 (4): 443-452.

郑萱凤, 李崇皓. 1994. 三江平原地区毛果苔草群落的研究. 资源科学, 16 (1): 53-58.

钟良平, 邵明安, 李玉山. 2004. 农田生态系统生产力演变及驱动力. 中国农业科学, 37 (4): 510-515.

钟茂初. 2004. 可持续消费: 物质需求、人文需求、生态需求视角的阐释. 消费经济, 20 (5): 48-51.

周菲菲. 2016. 互联网+时代乡村生态旅游发展策略探析. 农业经济, (8): 46-47.

周广胜, 张时新. 1996. 全球气候变化的中国自然植被的净第一性生产力研究. 植物生态学报, 20 (1): 11-19.

周海欧. 2005. 揭开社会选择的神秘面纱——从阿罗不可能定理到现代福祉经济学. 北京大学学报 (哲学社会科学版), 42 (5): 166-177.

周华林, 李雪松. 2012. Tobit 模型估计方法与应用. 经济学动态, (5): 105-119.

周丽华. 2004. 生态经济与生态经济学. 自然杂志, 26 (4): 238-242.

周生贤. 2015. 新常态下新状态环保部今年推进十项重点工作. 化工管理, 3 (7): 13-14.

周益平, 邹菊香, 刘寿东, 等. 2010. 溱湖湿地生态系统服务价值评估研究. 气象与环境学报, 26 (2): 16-20.

朱会义, 李秀彬. 2003. 关于区域土地利用变化指数模型方法的讨论. 地理学报, 58(5): 643-650.

庄大昌. 2004. 洞庭湖湿地生态系统服务功能价值评估. 经济地理, 24 (3): 391-395.

Abernethy B, Rutherfurd I. 1999. Guidelines for Stabilising Streambanks with Riparian Vegetation. Victoria: Cooperative Research Centre for Catchment Hydrology.

Acharya G. 2000. Approaches to valuing the hidden hydrological services of wetland ecosystems. Ecological Economics, 35 (1): 63-74.

Aked J, Marks N, Cordon C, et al. 2009. Five Ways to Wellbeing: A report presented to the Foresight Project on communicating the evidence base for improving people's well-being. London: Nef.

Andersson P. 2008. Happiness and health: Well-being among the self-employed. The Journal of Socio-Economics, 37 (1): 213-236.

Anielski M. 2010. The economics of happiness: Building genuine wealth. 林琼, 等, 译. 北京: 社会科学文献出版社.

Arrow K, Dasgupta P, Goulder L, et al. 2004. Are we consuming too much? . The Journal of Economic Perspectives, 18 (3): 147-172.

Atkinson G, Bateman I, Mourato S. 2012. Recent advances in the valuation of ecosystem services and biodiversity. Oxford Review of Economic Policy, 28 (1): 22-47.

Aylward B，Barbier E. 1992. Valuing environmental functions in developing countries. Biodiversity and Conservation，1（1）：34-50.

Badola R，Hussain S. 2005. Valuing ecosystem functions：An empirical study on the storm protection function of Bhitarkanika mangrove ecosystem，India. Environmental Conservation，32（1）：85-92.

Balmford A，Bennun L，Brink B，et al. 2005. Ecology：The convention on biological diversity's 2010 target. Science，307（5707）：212-213.

Balmford A，Bruner A，Cooper P，et al. 2002. Economic reasons for conserving wild nature. Science，297（5583）：950-953.

Balmford A，Fisher B，Green R，et al. 2011. Bringing ecosystem services into the real world：An operational framework for assessing the economic consequences of losing wild nature. Environmental and Resource Economics，48（2）：161-175.

Bann C. 1997. An economic analysis of tropical forest land use options，Ratanakiri Province，Cambodia. Economy and Environment Program for Southeast Asia.

Barbier E. 2000. Links between economic liberalization and rural resource degradation in the developing regions. Agricultural Economics，23（3）：299-310.

Barbier E，Acreman M，Knowler D. 1997. Economic Valuation of Wetlands：A Guide for Policy Makers and Planners. Gland，Switzerland：Ramsar Convention Bureau.

Barbier E，Strand I. 1998. Valuing mangrove-fishery linkages-A case study of Campeche，Mexico. Environmental and Resource Economics，12（2）：151-166.

Barbon N，Hollander J. 1905. A Discourse of Trade. London：Tho. Milbourn.

Bateman I，Carson R，Day B，et al. 2002. Economic Valuation with Stated Preference Techniques. Cheltenham，UK：Edward Elgar.

Bateman I，Day B，Georgiou S，et al. 2006. The aggregation of environmental benefit values：Welfare measures，distance decay and total WTP. Ecological Economics，60（2）：450-460.

Bateman I，Mace G，Fezzi C，et al. 2011. Economic analysis for ecosystem service assessments. Environmental and Resource Economics，48（2）：177-218.

Beekman R. 2011. Incorporating long-term transport effects in Cost-Benefit Analysis. Delft：Delft University of Technology.

Birol E，Cox V. 2007. Using choice experiments to design wetland management programmes. Journal of Environmental Planning and Management，50（3）：363-380.

Birol E，Karousakis K，Koundouri P. 2006. Using a choice experiment to account for preference heterogeneity in wetland attributes. Ecological Economics，60（1）：145-156.

Blaug M. 1972. Was there a marginal revolution？. History of Political Economy，4（2）：269-280.

Bolund P，Hunhammar S. 1999. Ecosystem services in urban areas. Ecological Economics，29（2）：293-301.

Boyd J. 2007. Nonmarket benefits of nature：What should be counted in green GDP？. Ecological Economics，61（4）：716-723.

Boyd J. 2008. Location，location，location：The geography of ecosystem services. Resources，170（4）：11-15.

Brander L, Brouwer R, Wagtendonk A. 2013. Economic valuation of regulating services provided by wetlands in agricultural landscapes: A meta-analysis. Ecological Engineering, 56 (7): 89-96.

Brander L, Florax R, Vermaat J. 2006. The empirics of wetland valuation: A comprehensive summary and a meta-analysis of the literature. Environmental and Resource Economics, 33 (2): 223-250.

Brixa H, Sorrellb B, Lorenzen B. 2001. Are Phragmites-dominated wetlands a net source or net sink of greenhouse gases? . Aquatic Botany, 69 (2-4): 313-324.

Brown S, Bedford B. 1997. Restoration of wetland vegetation with transplanted wetland soil: An experimental study. Wetlands, 17 (3): 424-437.

Cabeza M, Moilanen A. 2006. Replacement cost: A practical measure of site value for cost-effective reserve planning. Biological Conservation, 132 (3): 336-342.

Carleton J N, Grizzard T J, Godrej A N, et al. 2000. Performance of a constructed wetlands in treating urban stormwater runoff. Water Environment Research, 72 (3): 295-304.

Carpenter S, Mooney H, Agard J, et al. 2009. Science for managing ecosystem services: Beyond the millennium ecosystem assessment. Proceedings of the National Academy of Sciences, 106 (5): 1305-1312.

Carson R, Flores N, Meade N. 2001. Contingent valuation: Controversies and evidence. Environmental and Resource Economics, 19 (2): 173-210.

Carson R, Mitchell R, Hanemann M, et al. 2003. Contingent valuation and lost passive use: Damages from the Exxon Valdez oil spill. Environmental and Resource Economics, 25 (3): 257-286.

Chan K, Shaw M, Cameron D, et al. 2006. Conservation planning for ecosystem services. PLoS Biology, 4 (11): 2138-2152.

Chapin F, Randerson J, McGuire A, et al. 2008. Changing feedbacks in the climate-biosphere system. Frontiers in Ecology and the Environment, 6 (6): 313-320.

Chapin F, Zavaleta E, Eviner V, et al. 2000. Consequences of changing biodiversity. Nature, 405 (6783): 234-242.

Chee Y. 2004. An ecological perspective on the valuation of ecosystem services. Biological Conservation, 120 (4): 549-565.

Chen W, Hong H, Liu Y, et al. 2004. Recreation demand and economic value: An application of travel cost method for Xiamen Island. China Economic Review, 15 (4): 398-406.

Chichilnisky G, Heal G. 1998. Economic returns from the biosphere. Nature, 39 (12): 629-630.

Chmura G, Anisfeld S, Cahoon D, et al. 2003. Global carbon sequestration in tidal, saline wetland soils. Global Biogeochemical Cycles, 17 (4): 1-12.

Christensen N, Bartuska A, Brown J, et al. 1996. The report of the Ecological Society of America committee on the scientific basis for ecosystem management. Ecological Applications, 6 (3): 665-691.

CICES. 2011. Common International Classification of Ecosystem Services. London: The European Environment Agency and the World Bank.

Clawson C, Vinson D. 1978. Human Values: A Historical and Interdisciplinary Analysis. Ann Abor: ACR.

Costanza R. 1989. What is ecological economics? . Ecological Economics, 1 (1): 1-7.

Costanza R. 2008. Ecosystem services: Multiple classification systems are needed. Biological Conservation, 141 (2): 350-352.

Costanza R, d'Arge R, De Groot R, et al. 1997. The value of the world's ecosystem services and natural capital. Nature, 25 (1): 3-15.

Costanza R, Farber S, Maxwell J. 1989. Valuation and management of wetland ecosystems. Ecological Economics, 1 (4): 335-361.

Costanza R, Fisher B, Mulder K. 2007. Biodiversity and ecosystem services: A multi-scale empirical study of the relationship between species richness and net primary production. Economical Economics, 61 (2): 478-491.

Daily G. 1997. Nature's Services: Societal Dependence on Natural Ecosystems. Washington D C: Island Press.

Daily G, Matson P. 2008. Ecosystem services: From theory to implementation. Proceedings of the National Academy of Sciences, 105 (28): 9455-9456.

Dasgupta P. 2008. Discounting climate change. Journal of Risk and Uncertainty, 37 (2-3): 141-169.

Dasgupta P, Mäler K. 2000. Net national product, wealth, and social well-being. Environment and Development Economics, 5 (1): 69-93.

Day B, Bateman I, Lake I. 2007. Beyond implicit prices: Recovering theoretically consistent and transferable values for noise avoidance from a hedonic property price model. Environmental Resource Economics, 37 (1): 211-232.

De Groot R, Brander L, Van der P, et al. 2012. Global estimates of the value of ecosystems and their services in monetary units. Ecosystem Services, 1 (1): 50-61.

De Groot R, Van der P, Chiesura A. 2003. Importance and threat as determining factors for criticality of natural capital. Ecological Economics, 44 (2-3): 187-204.

De Groot R, Wilson M, Boumans R. 2002. A typology for the classification, description and valuation of ecosystem functions, goods and services. Ecological Economics, 41 (3): 393-408.

Dugan P. 1990. Wetland Conservation: A Review of Current Issues and Required Action. Gland, Switzerland: IUCN.

Ehrlich P, Ehrlich A. 1981. Extinction: The Causes and Consequences of the Disappearance of Species. New York: Random House.

Engel S, Pagiola S, Wunder S. 2008. Designing payments for environmental services in theory and practice: An overview of the issues. Ecological Economics, 65 (4): 663-674.

Erwin K. 2009. Wetlands and global climate change: The role of wetland restoration in a changing world. Wetlands Ecology and Management, 17 (1): 71-84.

Estoque R, Murayama Y. 2013. Landscape pattern and ecosystem service value changes: Implications for environmental sustainability planning for the rapidly urbanizing summer capital of the Philippines. Landscape and Urban Planning, 116 (4): 60-72.

Euliss N, Smith L, Liu S, et al. 2010. The need for simultaneous evaluation of ecosystem services and land use change. Environmental Science and Technology, 44 (20): 7761-7763.

Farber S, Costanza R, Childers D, et al. 2006. Linking ecology and economics for ecosystem management. Bioscience, 56 (2), 121-133.

Farber S, Costanza R, Wilson A. 2002. Economic and ecological concepts for valuing ecosystem services. Ecological Economics, 41 (3): 375-392.

Farley J, Costanza R. 2010. Payments for ecosystem services: From local to global. Ecological Economics, 69 (11): 2060-2068.

Fischer J, Lindenmayer D, Manning A. 2006. Biodiversity, ecosystem function, and resilience: Ten guiding principles for commodity production landscapes. Frontiers in Ecology and the Environment, 4 (2): 80-86.

Fischer R, Fischenich J. 2000. Design recommendations for riparian corridors and vegetated buffer strips. Army Engineer Waterways Experiment Station Vicksburg Ms Engineer Research and Development Center.

Fisher B, Turner K. 2008. Ecosystem services: Classification for valuation. Biological Conservation, 141 (5): 1167-1169.

Fisher B, Turner K, Morling P. 2009. Defining and classifying ecosystem services for decision making. Ecological Economics, 68 (3): 643-653.

Fisher B, Turner K, Zylstra M, et al. 2008. Ecosystem services and economic theory: Integration for policy-relevant research. Ecological Applications, 18 (8): 2050-2067.

Fogel A. 1993. Developing through Relationships. Chicago: University of Chicago Press.

Foley J, Asner G, Costa M, et al. 2007. Amazonia revealed: Forest degradation and loss of ecosystem goods and services in the Amazon Basin. Frontiers in Ecology & the Environment, 5 (1): 25-32.

Galat D, Fredrickson L, Humburg D, et al. 1998. Flooding to restore connectivity of regulated, large-river wetlands natural and controlled flooding as complementary processes along the lower Missouri River. BioScience, 48 (9): 721-733.

Geist H, Lambin E. 2002. Proximate causes and underlying driving forces of tropical deforestation: Tropical forests are disappearing as the result of many pressures, both local and regional, acting in various combinations in different geographical locations. BioScience, 52 (2): 143-150.

Gerlagh R, Zwaan B. 2002. Long term substitutability between environmental and man-made goods. Journal of Environmental Economics and Management, 44 (2): 329-345.

Girt J. 1974. Review of the geography of social well-being in the United States: An introduction to territorial social indicators. Social Indicators Research, 1 (2): 1257-1259.

Gong P, Niu Z G, Cheng X, et al. 2010. China's wetland change determined by remote sensing. Science China Earth Sciences, 53 (7): 1036-1042.

González G, Martínez M, Lithgow D, et al. 2012. Land use change and its effects on the value of ecosystem services along the coast of the Gulf of Mexico. Ecological Economics, 82 (20): 23-32.

Gossen H, Blitz R, Georgescu-Roegen N. 1983. The Laws of Human Relations and the Rules of Human Action Derived Therefrom. Blitz R, translator. Cambridge: MIT Press.

Gowdy J. 2005. Toward a new welfare economics for sustainability. Ecological Economics, 53 (2):

211-222.

Greenway M, Dale P, Chapman H. 2003. An assessment of mosquito breeding and control in 4 surface flow wetlands in tropical-subtropical Australia. Water Science and Technology, 48（5）: 249-256.

Haines-Young R, Potschin M. 2010. The Links between Biodiversity, Ecosystem Services and Human Well-Being. Ecosystem Ecology: A New Synthesis. London: Cambridge University Press: 110-139.

Hansson L, Bronmakr C, Nilsson P, et al. 2005. Conflicting demands on wetland ecosystem services: Nutrient retention, biodiversity or both? . Freshwater Biology, 50（4）, 705-714.

He Y, Zhang M. 2001. Study on wetland loss and its reasons in China. Chinese Geographical Science, 11（3）: 241-245.

Hein L, Van Koppen K, De Groot R, et al. 2006. Spatial scales, stakeholders and the valuation of ecosystem services. Ecological Economics, 57（2）: 209-228.

Hensher D, Greene W. 2003. The mixed logit model: The state of practice. Transportation, 30（2）: 133-176.

Hoel M, Sterner T. 2007. Discounting and relative prices. Climatic Change, 84（3-4）: 265-280.

Holdren J, Ehrlich P. 1974. Human population and the global environment. American Scientist, 62（3）: 282-292.

Hooper D, Chapin F, Ewel J, et al. 2005. Effects of biodiversity on ecosystem functioning: A consensus of current knowledge. Ecological Monographs, 75（1）: 3-35.

Hou Y, Burkhard B, Müller F. 2013. Uncertainties in landscape analysis and ecosystem service assessment. Journal of Environmental Management, 127（3）: 117-131.

Howarth R, Farber S. 2002. Accounting for the value of ecosystem services. Ecological Economics, 41（3）: 421-429.

IPCC. 2000. The IPCC Special Report on Emissions Scenarios. Geneva.

Jaccard M, Nyboer J, Bataille C, et al. 2003. Modeling the cost of climate policy: Distinguishing between alternative cost definitions and long-run cost dynamics. The Energy Journal, 24（1）: 49-73.

Jenkins W, Murray B, Kramer R, et al. 2010. Valuing ecosystem services from wetlands restoration in the Mississippi Alluvial Valley. Ecological Economics, 69（5）: 1051-1061.

Jensen M, Everett R. 1994. Ecosystem Management: Principles and Applications. U.S. Department of Agriculture, Forest Service Pacific Northwest Research Station.

Jogo W, Hassan R. 2010. Balancing the use of wetlands for economic well-being and ecological security: The case of the Limpopo wetland in southern Africa. Ecological Economics, 69（7）: 1569-1579.

Kahneman D, Krueger A. 2006. Developments in the measurement of subjective well-being. The Journal of Economic Perspectives, 20（1）: 3-24.

Kahneman D, Tversky A. 1984. Choices, values, and frames. American Psychologist, 39（4）: 341.

Kandziora M, Burkhard B, Müller F. 2013. Interactions of ecosystem properties, ecosystem integrity and ecosystem service indicators-A theoretical matrix exercise. Ecological Indicators, 28 (5): 54-78.

Kaplan J, Krumhardt K, Zimmermann N. 2012. The effects of land use and climate change on the carbon cycle of Europe over the past 500 years. Global Change Biology, 18 (3): 902-914.

Kauder E. 2015. History of Marginal Utility Theory. Princeton: Princeton University Press.

Kercher S, Zedler J. 2004. Multiple disturbances accelerate invasion of reed canary grass in a mesocosm study. Oecologia, 138 (3): 455-464.

Keyes C. 1998. Social well-being. Social Psychology Quarterly, 61 (2): 121-140.

Koch E, Barbier E, Silliman B, et al. 2009. Non-linearity in ecosystem services: Temporal and spatial variability in coastal protection. Frontiers in Ecology and the Environment, 7 (1): 29-37.

Komlos J. 1994. Stature, Living Standards, and Economic Development: Essays in Anthropometric History. Chicago: University of Chicago Press.

Kozak J, Lant C, Shaikh S, et al. 2011. The geography of ecosystem service value: The case of the Des Plaines and Cache River wetlands, Illinois. Applied Geography, 31 (1): 303-311.

Kreuter U, Harris H, Matlock M, et al. 2001. Change in ecosystem service values in the San Antonio area, Texas. Ecological Economics, 39 (3): 333-346.

Lal R. 2004. Soil Carbon sequestration impacts on global climate change and food security. Science, 304 (5677): 1623-1627.

Lambin E, Turner B, Geist H, et al. 2001. The causes of land-use and land-cover change: Moving beyond the myths. Global Environmental Change, 11 (4): 261-269.

Laurans Y, Leménager T, Aoubid S. 2012. Payments for Ecosystem Services: From Theory to Practice , What are the Prospects for Developing Countries ? . Agence française de développement.

Lenhart H, Hunt W. 2010. Evaluating four storm-water performance metrics with a North Carolina coastal plain storm-water wetland. Journal of Environmental Engineering, 137 (2): 155-162.

Letson D, Milon J. 2002. Florida Coastal Environmental Resources: A Guide to Economic Valuation and Impact Analysis. Gainesville: University of Florida.

Limburg K, O'Neill R, Costanza R, et al. 2002. Complex systems and valuation. Ecological Economics, 41 (3): 409-420.

Lin Y, Jing S, Wang T, et al. 2002. Effects of macrophytes and external carbon sources on nitrate removal from groundwater in constructed wetlands. Environmental Pollution, 119 (3): 413-420.

Liu J, Dietz T, Carpenter S, et al. 2007. Complexity of coupled human and natural systems. Science, 317 (5844): 1513-1516.

Loomis J, Kent P, Strange L, et al. 2000. Measuring the total economic value of restoring ecosystem services in an impaired river basin: Results from a contingent valuation survey. Ecological Economics, 33 (1): 103-117.

Loomis J. 1996. How large is the extent of the market for public goods: Evidence from a nationwide contingent valuation survey. Applied Economics, 28 (7): 779-782.

Louviere J, Hensher D, Swait J. 2000. Stated Choice Methods: Analysis and Applications. England:

Cambridge University Press.

Lucas W, Greenway M. 2008. Nutrient retention in vegetated and nonvegetated bioretention mesocosms. Journal of Irrigation and Drainage Engineering, 134 (5): 613-623.

Lynn M. 1991. Scarcity effects on value: A quantitative review of the commodity theory literature. Psychology & Marketing, 8 (1): 43-57.

Lyons K G, Brigham C A, Traut B H, et al. 2005. Rare species and ecosystem functioning. Conservation Biology, 19 (4): 1019-1024.

Ma M, Singh R, Hietala R. 2012. Human driving forces for ecosystem services in the Himalayan region. Environmental Economics, 3 (1): 53-57.

MA. 2005. Ecosystems and Human Well-Being: Synthesis. Washington D C: Island Press.

MA. 2008. Living Beyond our Means: Natural Assets and Human Well-being. Washington D C: Island Press.

Maltby E. 1991. Wetland management goals: Wise use and conservation. Landscape and Urban Planning, 20 (1): 9-18.

Malthus T. 1826. An Essay on the Principle of Population. Cambridge: Cambridge University Press.

Marshall A, Wants O. 2013. Principles of Economics: Gradations of Consumers' Demand. London: Palgrave Macmillan.

Matthews G. 1993. The Ramsar Convention on Wetlands: Its History and Development. Gland: Ramsar Convention Bureau.

McInnes R. 2013. Recognizing ecosystem services from wetlands of international importance: An example from Sussex, UK. Wetlands, 33 (6): 1001-1017.

Mendelsohn R, Olmstead S. 2009. The economic valuation of environmental amenities and disamenities: Methods and applications. Annual Review of Environment and Resources, 19 (34): 325-347.

Menger C. 1976. Principles of Economics. Ala: Ludwig von Mises Institute.

Messner F, Meyer V. 2006. Flood damage, vulnerability and risk perception-challenges for flood damage research. Flood Risk Management: Hazards, Vulnerability and Mitigation Measures, 67 (13): 149-167.

Metzger M, Rounsevell M, Acosta-Michlik L, et al. 2006. The vulnerability of ecosystem services to land use change. Agriculture, Ecosystems and Environment, 114 (1): 69-85.

Meyer W, Turner B. 1992. Human population growth and global land-use/cover change. Annual Review of Ecology and Systematics, 23 (23): 39-61.

Mill J. 1863. Utilitarianism. London: Parker, Son and Bourn.

Mitsch W, Gosselink G. 1993. Wetlands. New York: Van Nostrand Reinhold.

Moberg F, Folke C. 1999. Ecological goods and services of coral reef ecosystems. Ecological Economics, 29 (2): 215-233.

Moore T, Hunt W. 2012. Ecosystem service provision by stormwater wetlands and ponds-A means for evaluation? . Water Research, 46 (20): 6811-6823.

Neary P. 2001. Of hype and hyperbolas: Introducing the new economic geography. Journal of Economic Literature, 39 (2): 536-561.

Nelson E, Mendoza G, Regetz J, et al. 2009. Modeling multiple ecosystem services, biodiversity conservation, commodity production, and tradeoffs at landscape scales. Frontiers in Ecology and the Environment, 7 (1): 4-11.

Nelson G, Bennett E, Berhe A, et al. 2005. Drivers of change in ecosystem condition and services//Ecosystems and Human Well-Being: Scenarios. Washington D C: Island Press.

Nelson G, Bennett E, Berhe A, et al. 2006. Anthropogenic drivers of ecosystem change: An overview. Ecology and Society, 11 (2): 29-59.

Nicholas B. A Discourse of Trade. 1905. A Reprint of Economic Tracts. Baltimore: The Lord Baltimore Press.

Nicholson E, Mace G, Armsworth P, et al. 2009. Priority research areas for ecosystem services in a changing world. Journal of Applied Ecology, 46 (6): 1139-1144.

Niu Z G, Zhang H Y, Wang X W, et al. 2012. Mapping wetland changes in China between 1978 and 2008. Chinese Science Bulletin, 57 (22): 2813-2823.

NRC. 2004. Valuing Ecosystem Services: Toward Better Environmental Decision-Making. Washington D C: The National Academies Press.

Pacione M. 2003. Urban environmental quality and human well-being-a social geographical perspective. Landscape and Urban Planning, 65 (1): 19-30.

Parmesan C. 2006. Ecological and evolutionary responses to recent climate change. Annual Review of Ecology, Evolution, and Systematics, 37 (18): 637-669.

Pate J, Loomis J. 1997. The effect of distance on willingness to pay values: A case study of wetlands and salmon in California. Ecological Economics, 20 (3): 199-207.

Pereira H, Leadley P, Proença V, et al. 2010. Scenarios for global biodiversity in the 21st century. Science, 330 (6010): 1496-1501.

Perrings C, Duraiappah A, Larigauderie A, et al. 2011. The biodiversity and ecosystem services science-policy interface. Science, 331 (6021): 1139-1140.

Petschel-Held G, Bohensky E. 2005. Drivers of Ecosystem Change. Ecosystems and Human Well-being. Washington D C: Island Press.

Pimentel D, Wilson C, McCullum C, et al. 1997. Economic and environmental benefits of biodiversity. BioScience, 47 (11): 747-757.

Preston E, Bedford B. 1988. Evaluating cumulative effects on wetland functions: A conceptual overview and generic framework. Environmental Management, 12 (5): 565-583.

Pretty J, Brett C, Gee D, et al. 2000. An assessment of the total external costs of UK agriculture. Agricultural Systems, 65 (2): 113-136.

Pretty J, Mason C, Nedwell D, et al. 2003. Environmental costs of freshwater eutrophication in England and Wales. Environmental Science and Technology, 37 (2): 201-208.

Prosser I P, Karssies L. 2001. Designing filter strips to trap sediment and attached nutrient. Land & Water Australia.

Pullan R. 1988. A Survey of Past and Present Wetlands of the Western Algarve. Liverpool: University of Liverpool.

Ramsar Convention Secretariat. 2013. The Ramsar Convention Manual: A Guide to the Convention on Wetlands.

Richardson C. 1994. Ecological functions and human values in wetlands: A framework for assessing forestry impacts. Wetlands, 14 (1): 1-9.

Richmond A, Kaufmann R, Myneni R. 2007. Valuing ecosystem services: A shadow price for net primary production. Economical Economics, 64 (2): 454-462.

Rodríguez J, Beard T, Bennett E, et al. 2006. Trade-offs across space, time, and ecosystem services. Ecology and Society, 11 (1): 28.

Rounsevell M, Dawson T, Harrison P. 2010. A conceptual framework to assess the effects of environmental change on ecosystem services. Biodiversity and Conservation, 19 (10): 2823-2842.

Sabatino A, Coscieme L, Vignini P, et al. 2013. Scale and ecological dependence of ecosystem services evaluation: Spatial extension and economic value of freshwater ecosystems in Italy. Ecological Indicators, 32 (9): 259-263.

Sachs J. 2005. Can extreme poverty be eliminated? . Scientific American, 293 (3): 56-65.

Sander H, Haight R. 2012. Estimating the economic value of cultural ecosystem services in an urbanizing area using hedonic pricing. Journal of Environmental Management, 113 (8): 194-205.

Sathirathai S, Barbier E. 2001. Valuing mangrove conservation in southern Thailand. Contemporary Economic Policy, 19 (2): 109-122.

SCBD. 2010. Global Biodiversity Outlook 3. Montreal.

SCEP. 1970. Man's Impact on the Global Environment. Massachusetts, Williamstown: Williams College.

Schilling M, Chiang L. 2011. The effect of natural resources on a sustainable development policy: The approach of non-sustainable externalities. Energy Policy, 39 (2): 990-998.

Schuyt K. 2005. Economic consequences of wetland degradation for local populations in Africa. Ecological Economics, 53 (2): 177-190.

Schwartz M, Brigham C, Hoeksema J, et al. 2000. Linking biodiversity to ecosystem function: Implications for conservation ecology. Oecologia, 122 (3): 297-305.

Setlhogile T, Arntzen J, Mabiza C, et al. 2011. Economic valuation of selected direct and indirect use values of the Makgadikgadi wetland system, Botswana. Physics and Chemistry of the Earth, 36 (14): 1071-1077.

Shackleton C, Shackleton S. 2006. Household wealth status and natural resource use in the Kat River valley, South Africa. Ecological Economics, 57 (2): 306-317.

Smith A. 1776. An Inquiry into the Nature and Causes of the Wealth of Nations. Chicago: University of Chicago Press.

Staudinger M, Grimm N, Staudt A, et al. 2012. Impacts of Climate Change on Biodiversity, Ecosystems, and Ecosystem Services: Technical Input to the 2013 National Climate Assessment. Cooperative Report to the 2013 National Climate Assessment.

Steffan-Dewenter I, Münzenberg U, Bürger C, et al. 2002. Scale-dependent effects of landscape context on three pollinator guilds. Ecology, 83 (5): 1421-1432.

Steiner A. 2011. Food or biodiversity？. New Scientist，210（2808）：28-29.

Stern N. 2008. The economics of climate change. The American Economic Review，98（2）：1-37.

Sterner T，Persson U. 2008. An even sterner review：Introducing relative prices into the discounting debate. Review of Environmental Economics and Policy，2（1）：61-76.

Suárez A，Watson R，Dokken D. 2002. Climate Change and Biodiversity. Geneva，Switzerland：Intergovernmental Panel on Climate Change.

Sumner L. 1996. Welfare，Happiness，and Ethics. Gloucestershire：Clarendon Press.

Svarstad H，Petersen L，Rothman D，et al. 2008. Discursive biases of the environmental research framework DPSIR. Land Use Policy，25（1）：116-125.

Tallis H，Kareiva P，Marvier M，et al. 2008. An ecosystem services framework to support both practical conservation and economic development. Proceedings of the National Academy of Sciences，105（28）：9457-9464.

TEEB. The Economics of Ecosystems and Biodiversity：An Interim Report. Brussels：European Commission，2008.

Tideman S. 2001. Gross national happiness：Towards Buddhist Economics. Centre for Bhutan Studies.

Tiner R. 1984. Wetlands of the United States：Current Status and Recent Trends. Washington D C：Fish and Wildlife Service.

Turner R，Bergh J，Söderqvist T，et al. 2000. Ecological-economic analysis of wetlands：Scientific integration for management and policy. Ecological Economics，35（1）：7-23.

Turner R，Morse-Jones S，Fisher B. 2010. Ecosystem valuation：A sequential decision support system and quality assessment issues. Annals of the New York Academy of Sciences，1185（1）：79-101.

Turyahabwe N，Kakuru W，Tweheyo M，et al. 2013. Contribution of wetland resources to household food security in Uganda. Agriculture and Food Security，2（1）：5-16.

UN. 2002. World Summit on Sustainable Development. Johannesburg.

UN. 2011. The Global Social Crisis：Report on the World Social Situation. New York：UN-DESA.

van Asselen S，Verburg P，Vermaat J，et al. 2013. Drivers of wetland conversion：a global meta-analysis. PloS One，8（11）：e81292.

Van K，Verbeek B. 2004. Subsidiarity as a principle of governance in the European Union. Comparative European Politics，2（2）：142-162.

van Vuuren W，Roy P. 1993. Private and social returns from wetland preservation versus those from wetland conversion to agriculture. Ecological Economics，8（3）：289-305.

Vega D，Alpízar F. 2011. Choice Experiments in Environmental Impact Assessment：The Case of the Toro 3 Hydroelectric Project and the Recreo Verde Tourist Center in Costa Rica. Discussion Paper Series of Environment for Development.

Vitousek P，Mooney H，Lubchenco J，et al. 1997. Human domination of Earth's ecosystems. Science，277（5325）：494-499.

Wadzuk B，Rea M，Woodruff G，et al. 2010. Water-quality performance of a constructed stormwater wetland for all flow conditions. Journal of the American Water Resources Association，46（2）：385-394.

Waggoner P，Ausubel J. 2002. A framework for sustainability science：A renovated IPAT identity. Proceedings of the National Academy of Sciences，99（12）：7860-7865.

Wallace K. 2007. Classification of ecosystem services：Problems and solutions. Biological Conservation，139（3）：235-246.

Walther G，Post E，Convey P，et al. 2002. Ecological responses to recent climate change. Nature，416（6879）：389-395.

Wamsley T，Cialone M，Smith J，et al. 2009. Influence of landscape restoration and degradation on storm surge and waves in Southern Louisiana. Natural Hazards，51（1）：207-224.

Wang Z，Song K，Ma W，et al. 2011. Loss and fragmentation of marshes in the Sanjiang Plain，Northeast China，1954-2005. Wetlands，31（5）：945-954.

Watson R，Albon S. 2011. UK National Ecosystem Assessment：Understanding Nature's Value to Society. Cambridge：UNEP-WCMC.

Westbrook C，Noble B. 2013. Science requisites for cumulative effects assessment for wetlands. Impact Assessment and Project Appraisal，31（4）：318-323.

Westerberg V，Lifran R，Olsen S. 2010. To restore or not? A valuation of social and ecological functions of the Marais des Baux wetland in Southern France. Ecological Economics，69（12）：2383-2393.

Westman W. 1977. How much are nature's services worth?．Science，197（4307）：960-964.

Winter T. 1988. A conceptual framework for assessing cumulative impacts on the hydrology of nontidal wetlands. Environmental Management，12（5）：605-620.

Woodward R，Wui Y. 2001. The economic value of wetland services：A meta-analysis. Ecological Economics，37（2）：257-270.

World Bank. 2000. World Development Report 2000/2001. England：Oxford University Press.

WRI. 2003. World Resources 2002-2004：Decisions for the Earth：Balance，Voice，and Power. Washington D C：World Resources Institute.

WRI. 2008. World Resources 2008：Roots of Resilience-Growing the Wealth of the Poor. Washington D C：World Resources Institute.

Wu J，Li H. 2006. Uncertainty Analysis in Ecological Studies：An Overview. Scaling and Uncertainty Analysis in Ecology. Berlin：Springer Netherlands.

WWF. 2012. Living Planet Report 2012：Biodiversity，Biocapacity and Better Choices. Switzerland.

Yaron G. 2001. Forest，plantation crops or small-scale agriculture? An economic analysis of alternative land use options in the Mount Cameroon area. Journal of Environmental Planning and Management，44（1）：85-108.

Zamora P. 1984. Philippine Mangrove：Assessment of status，environmental problems，conservation and management strategies. Proceedings of the Asian Symposium on Mangrove Environment-Research and Management.

Zang S，Wu C，Liu H，et al. 2011. Impact of urbanization on natural ecosystem service values：A comparative study. Environmental Monitoring and Assessment，179（1-4）：575-588.

Zeckhauser R，Shepard D. 1976. Where now for saving lives?．Law and Contemporary Problems，40（4）：5-45.

Zedler J. 2000. Progress in wetland restoration ecology. Trends in Ecology & Evolution，15（10）：402-407.

Zedler J，Kercher S. 2005. Wetland resources：status，trends，ecosystem services，and restorability. Annual Review of Environment and Resources，30（1）：39-74.

Zhao B，Kreuter U，Li B，et al. 2004. An ecosystem service value assessment of land-use change on Chongming Island，China. Land Use Policy，21（2）：139-148.

后　记

　　生态系统服务社会福祉效应研究是生态系统评估的热点问题，旨在通过论证生态系统服务在改善人类福祉方面的贡献和潜力，促进对生态系统的综合管理。本书着眼于我国湿地生态系统的快速退化过程，通过实证研究系统分析了湿地生态系统的演变过程及驱动力影响，科学阐述了湿地生态系统服务价值及其变化过程，提出了具有可操作性的湿地生态系统服务可持续利用对策建议，希冀能够为今后我国湿地资源保护与恢复相关工作提供信息参考。

　　值此书稿付梓之际，谨向师友和同行表示衷心的感谢。特别感谢我的导师佟连军研究员，老师国际化的视野和超前的洞察力帮助我在生态系统服务领域不断探索，并引导我逐渐形成自己的思想见解。感谢吕宪国研究员在本书的修改和完善过程中给予的悉心指导，老师渊博的专业知识和严谨的治学态度深深地感染和鼓励着我。感谢吉林大学房春生教授。感谢河北大学经济学院的各位领导和同事。感谢科学出版社的各位老师。本书的顺利完成离不开各位的大力支持！

魏　强

2017 年 5 月